U0712304

晨曦 主编

科学记忆总动员

KE XUE JI YI ZONG DONG YUAN

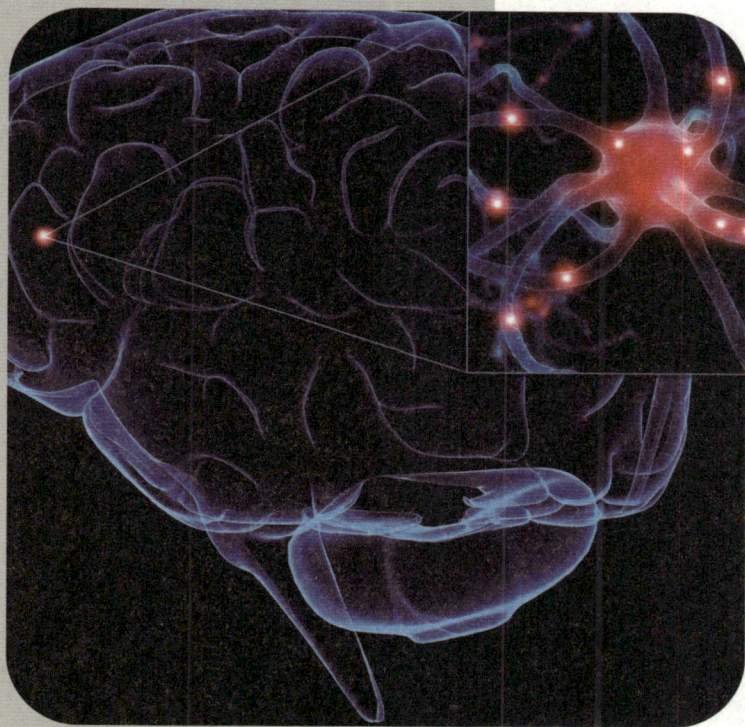

南海出版公司

2011·海口

青少年 科学成长 总动员书系

图书在版编目（CIP）数据

科学记忆总动员 / 晨曦编著. -- 海口：南海出版
公司，2011.3
　　（青少年科学成长总动员书系）
　　ISBN 978-7-5442-5136-5

Ⅰ．①科… Ⅱ．①晨… Ⅲ．①记忆术－少年读物
Ⅳ．①B842.3-49

中国版本图书馆 CIP 数据核字 (2011) 第 033759 号

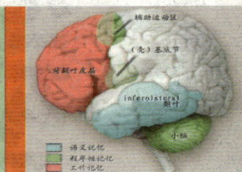

KEXUE JIYI ZONG DONGYUAN
科学记忆总动员

主　　编	晨　曦
责任编辑	曾科文
封面设计	颜　森
出版发行	南海出版公司　　电话：（0898）66568511
社　　址	海口市海秀中路 51 号星华大厦 5 楼　邮编：570206
电子邮箱	nhpublishing@163.com
经　　销	新华书店
印　　刷	大厂回族自治县正兴印务有限公司
开　　本	710 毫米 ×1000 毫米　1/16
印　　张	11
字　　数	96 千字
版次印次	2016 年 10 月第 1 版第 2 次印刷
书　　号	ISBN 978-7-5442-5136-5
定　　价	29.80 元

目录

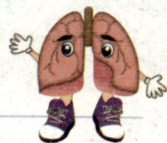

第十五章　其他特殊的记忆方法

第十六章　青少年记忆能力测试

第一章

揭开记忆的面纱

千百年来，
人类一直在探索记忆的问题，
因为记忆无时无刻不在影响人类的生活。
所以，我们必须揭开记忆的面纱，
了解记忆的真谛。

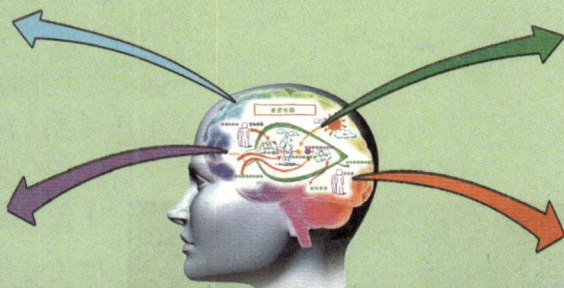

1 | 什么 是记忆

人类之所以能够认识世界、改造世界而成为"万物之灵"，关键就在于人类具有卓越的记忆能力。

记忆就是人们把在生活和学习中获得的大量信息进行编码加工，输入并储存于大脑里面，在需要的时候再把相关的信息提取出来，应用于实践活动的过程。

把两者结合起来，可以将记忆的含义表述得更确切一些：所谓"记忆"，就是人们对经验的识记、保持和应用过程，是对信息的选择、编码、储存和提取过程。

人的记忆能力，实质上就是大脑储存信息，以及进行反馈的能力。

记忆是大脑系统思维活动的过程，是过去经验在我们头脑中的反映，一般可分为识记、保持和重现三个阶段。识记，就是通过感觉器官将外界信息留在脑子里。保持，是将识记下来的信息，短期或长期地留在脑子里，使其暂时不遗忘或者许久不遗忘。重现，包括两种情况：凡是识记过的事物，当其重新出现在自己面前时，有一种似曾相识的熟悉之感，甚至能明确地把它辨认出来，称做再认；凡是识记过的事物不在自己面前仍能将它表现出来，称做再现。因此，重现就是指在人们需要时，能把已识记过的材料从大脑里重新分辨并提取出来的过程。

记忆在人们的生活实践中无时不有，无处不在。它是人的生理、心理活动的一种本质特性。人生是充满活力、创造力的，而一切活力与创造力都离不开记忆这个源泉。失去了记忆，人的行为就必然会失去活力和创造力，甚至会失去许多属于"本能"的本领，人也就很难生活下去。即使勉强存活下去，实际上也就不成其为人生了。生活中常见因意外事故（如工伤、车祸等）或疾病（如脑炎、精神病等）而丧失了记忆的人，毋庸置疑，失去记忆对人类来说将是一件不幸的事情。

因为，正是依靠记忆能力，人类才得以学习、积累和应用各种知识、经验，才能不断地推动历史的发展和社会的进步。

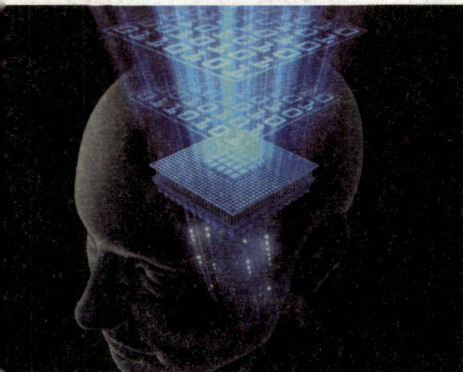

总之，记忆对人类的生存、进化和社会前进是非常之重要的，记忆是人类生存进化之本。

对"记忆"这个问题的关注、考察、探讨和描述，从远古时代的时候就开始了。

当人们对记忆这个事物还不能进行科学的研究和认识时，就难免给它涂上一层神秘的色彩。但是，从古老的神话传说中可以看出，很久以前，远古人类就已经很注意记忆这种现象及其重要作用了。

让我们回到现实里来，通过我们随时随地都可以遇到的记忆的实例，来考察和认识记忆的科学含义。

比如，你和一位老朋友好久未见忽然相遇，立刻就能认出他，并能叫出他的姓名，尽管在之前你好像早已把他忘得无影无踪了。又比如，你过去学过的成语典故、外语单词，看过的电影镜头，听过的歌剧唱段等，一旦需要，就会很快在脑海中重现出来……这样的事例，可以信手拈来，举出很多很多。这些都是记忆的具体表现。

在日常生活中，人们感知着各种事物，产生各种思想和感情，进行各种活动，都可以作为经验经过识记，在头脑中保持下来，并在以后的一定条件下得到恢复重现。这就是记忆。

2 | 记忆的过程

记忆是一个复杂而神秘的过程，一般，记忆的过程可分为以下三个阶段。

初始阶段：通过感觉器官，将信息留在脑中，这叫做"识记"。

第二阶段：把留在记忆中的信息加以保存，称为"保持"。

第三阶段：需要的时候，把所需的信息提取出来，即是"再认或重现"。

人们只有完成这三个阶段，才能称之为一次完整的记忆过程。

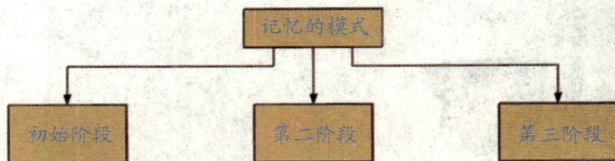

记忆的模式

初始阶段　　第二阶段　　第三阶段

（1）识记：信息的获取阶段

一切记忆活动，均从获取阶段开始。一切事物无不适于记忆，事件、周围物体、听见的语言、看见的东西、思想和动作……总之，周围的一切，自身发生的一切，记忆机能都会准确地记住，记忆的功能是无限的。

但实际上，记忆机能并不能把一切都记住。科学研究表明，每个人在获取记忆材料时，无不被迫加以选择。在记忆的初始时期，这种局限性并非发自内心，往往毫无意识。但人们会看到，在获取记忆材料阶段，有人获之甚少，有人则收获很多。这是因为，人们只有在醒着的时候，通过眼、耳、鼻、皮肤这些感觉器官，不断地往脑子里送信息。在这个阶段里，遇到要记忆的事情，必须尽可能清楚地把痕迹刻在脑子里。迷迷糊糊或被其他事物分散了注意，那只能在脑子里留下模糊不清的痕迹。因此，长久记忆首要的因素是抱着一定记住它的愿望，集中精神，加以牢记。

然而，即使短时间可以记住的事，随着时间的推移，渐渐地也会淡忘，甚至会忘得精光。因此，及早的复习，对于保持记忆是必要的。

（2）保持：信息归档的储存阶段

记忆机制在获取记忆材料之后，记在脑海里，这就是记忆的本意，又是记忆过程的第二阶段，即储存阶段。然而，这个阶段的运行，并非一帆风顺，获取的材料并非都能自然而然地储存起来，而且即使储存起来的材料，过一段时间之后，还会变形或遗忘。

与无限获取记忆材料的情形相反，储存记忆材料的可能性却大大受到限制，而其限制的程度又因人而异，因时而变，因环境而不同。搞清这些变化的原因，就能够最大限度地拓宽储存的范围。

总之，在这个保持阶段，经过一段较长的时间之后，其内容有时会发生变化。愿望、爱憎、新的经验等，都会给记忆带来微妙的影响。

（3）再次重现：信息的追忆阶段

某一事物，在获取之后，过一段或长或短的时间，重返意识之中，这时你才能知道它已储入记忆库之中，这种记忆材料

重返意识之中的活动，是记忆过程的第三阶段，也是最重要的阶段。

人们希望自己记性好，也就是希望追忆功能强。在自然状态下，追忆功能比储存功能受到的限制更大。在日常生活中，追忆功能受到限制的事情很常见。有人回忆某件事，一时想不起来，过后又想起来了。这恰如上面所说，这件事确已储存在记忆库中，但追忆的可能性一时受到限制。

不仅如此，追忆阶段还具有变幻无常的现象。有时，人们必须搜肠刮肚，才能找到某些记忆；而在另外的时候，记忆会自发地、连续不断地浮现出来，人们却不知究竟！实际上，变幻无常只是表面现象，心理学家发现，无论自发浮现的记忆，还是有意识地找到的记忆，其变化都有规律可循。

记忆的过程分为 3 个阶段——获取、储存、追忆，每个阶段都各有各的机能，某些疾病或病理状态证明了这一点。例如，有人头部受到重击或电击，失掉了受伤前某一时期储存的记忆，但获取新材料的记忆功能却完好无损。相反，衰老大大降低了人们获取新材料的记忆功能，但他们过去已储存的记忆材料却能长期完好地保存下来。

整个记忆过程要求这三个阶段和谐连接，而且一个阶段的圆满完成，取决于前一个阶段完成的质量。因此，记忆材料只有获取得好，其储存才能有效；而只有有效储存的材料，才能准确快速地追忆起来。这是记忆过程对我们提升记忆力的最大启示。

3 | 记忆的分类

科学家根据不同的分类标准，将记忆做了不同的分类。根据记忆内容的不同，一般可分为以下几种。

（1）形象记忆

形象记忆是以感知事物的具体形象为内容的记忆。它保持的是事物的感性特征，具有鲜明的直观性。例如，我们所感知过的物体的颜色、形状、体积，人物的音容笑貌，仪表姿态，音乐的旋律，自然景观，各种气味和滋味等，都以表象的形式储存着，所以又叫形象记忆。一般人以视觉和听觉方面的形象记忆为主，但也不尽然，像调味师、研磨师、按摩师，由于职业训练的不同，他们在嗅觉、味觉、触觉方面的形象记忆得到了高度的发展。作家、画家、音乐家、表演艺术家等都有惊人的形象记忆能力，他们平时所储存的典型形象素材，成为他们构思、创作和表演的基础。形象记忆与人的形象思维密切联系，它是在实践活动中，随着形象思维的发展而发展起来的。人类的记忆都是先从形象记忆开始的，婴儿认知母亲或其他熟人的面孔，就表明他已有了形象记忆。我们感知过的事物，只有经过形象记忆才会成为自己的直接经验。

（2）情景记忆

情景记忆是对个人亲身经历的，发生在一定时间和地点的事件的记忆。情景记忆是由加拿大心理学家 E. 托尔文于 1972 年提出的。用他的话来说，情景记忆所接受和储存的是关于个人在特定时间发生的事件、情景及与这些事件的时间、空间相联系的信息。它是以个人经历为参照的，或者说，情景记忆储存的是自传式的信息。如想起自己参加过的救人抢险活动，或者参加过的盛大颁奖典礼等，那壮丽的景观和场面历历在目，这种对事件的记忆就是情景记忆。它与语义记忆相对应，但二者又有重大的区别，由于情景记忆很容易受一定时空的限制，和各种因素的干扰，因而难以储存，不易提取。从某些遗忘症患者那里可以看到，他们回忆自己所经历过的某段具体情景比回忆其他内容更困难。

（3）语义记忆

语义记忆一般是指对各种有组织的知识的记忆，又叫语词逻辑记忆。它是以语词所概括的逻辑思维结果为内容的记忆，包括字词句、概念、定义、定理、公式、推理、思想观点、科学法则等。这些内容都是通过严密的逻辑思维过程所形成的，又与语词密不可分。它具有高度的概括性、理解性、逻辑性和抽象性，还具有一定的形式特点。而情景记忆则很难用逻辑或公式来表达。语义记忆的信息是以意义为参照的，不受特定的时间和地点限制，也不易受到外界因素的干扰，相对稳定，因而容易存取，提取时也不需要作明显的努力。我们只有凭借语义记忆才能把思维的结果保存下来，并获得间接知识。

语义记忆为我们所特有，从简单的识字、计数到掌握复杂的现代科学知识，都离不开语义记忆。语义记忆与人的抽象思维有着密切联系，是随着抽象思维的发展而发展起来的。

（4）情绪记忆

情绪记忆是以体验过的情绪或情感为内容的记忆。引起情绪、情感的事件虽然已经过去，但深刻的体验和感受却保留在我们的记忆中。在一定条件下，这种情绪、情感又会重新被体验到，这就是情绪记忆。例如，某人就要与久别的朋友重逢，此刻他沉浸在幸福的回忆中，昔日愉快、欢乐的情绪和情感油然而生。又如，俗话说"一朝被蛇咬，十年怕井绳"，这说明被蛇咬过的恐惧情绪体验仍保留在人的记忆中。积极愉快的情绪记忆对人们的活动有激励作用，而消极不愉快的情绪记忆则对人们活动具有负面作用。情绪记忆是我们精神健康的重要条件，也是人的道德感、理智感和美感发展的心理基础。

（5）运动记忆

运动记忆是以我们操作过的运动状态或动作形象为内容的记忆，又叫动作记忆。

运动记忆同运动表象有联系，运动表象是各种运动和动作的形象在脑中的表征过程。它是我们学习模仿某些运动动作的凭借。我们一旦掌握了运动动作的技能，并能熟练地操作，运动动作的形象连同这套动作的程度以及对骨骼、肌肉、关节活动的精细控制和调节一起储存在我们的头脑中，便形成为运动记忆。运动记忆与其他类型的记忆相比，易保持和恢复，不易遗忘。如人学会骑自行车之后，即便多年不骑，也不会忘记，这正是运动记忆在起作用。我们的生活、学习、劳动都离不开动作记忆，各种生活技能的形成和发展都要依靠动作记忆，离开动作记忆我们将寸步难行。

4 记忆的三种形态

当代科学家认为，记忆的形态有这样三种：立即记忆、短期记忆、长期记忆。

立即记忆或短期记忆是关于新近事件的记忆——最近的几分钟、几小时、几天。比如自己昨天或前天早餐吃些什么。

长期记忆则是个档案柜，通常人们会把那些不太容易记住的名字、日期和数字都堆在这里。一般意义上的记忆，通常指的是长期记忆。

所有的记忆阶段都有两种特征：一是容量，即我们的记忆能够容纳信息的多少。二是时间，即这些信息能够持续多久。

下面对这三种记忆形态进行分析和比较。

（1）立即记忆

这种记忆的容量，可能成千上万，但属于总体印象（例如，在某棵树上看到数以千计的树叶）。而记忆的时间一般只有两秒甚至更短。

人的本能在立即记忆（又称感觉记忆）中扮演着重要的角色。在立即记忆中，人们往往会将图画作简单的比较：这影像和一秒钟前有何不同吗？立即记忆注意到潜在的变化，并将短期记忆置于待命的地位。

（2）短期记忆

这种记忆的容量一般不超过七件事情。而记忆的时间只有 30 秒到二天。

科学家认为，人们在短期中所能记忆的个别事件数似乎以七为极限。超过这一极限之后，人们便将事物以群、组、类等方式来重新组织记忆。

短期记忆使我们把东西联结在一起，创造情境并指定意义。短期记忆是个活跃的历程，一再地复诵某个电话号码直到电话打通，便是个简单的例子。

专家们对短期记忆能够持续时间的长短，仍存在分歧。有些人认为只有数秒钟，有些人却说可长达两年。虽然对大多数人而言，整个短期记忆持续的时间大约是数天，但也有维持个把月的情况发生。

在通常情况下一些重要的短期记忆，要么会转到了长期记忆内，要么会随着时间而消退。所以说别企图在短期记忆中做太多事，学生学习时要特别注意这种情况。

（3）长期记忆

这种记忆的容量是无限的，而记忆的时间也是永久的。

有位神经医学家在给人进行大脑手术过程中，用探针刺激脑部的某些区域，结果病人竟能够鲜明地重新体验到 50 年前发生的事件。由此联想人类的记忆到底能够维持多久呢？答案似乎是没有任何限制。

但是将信息从短期记忆转移到长期记忆的过程，可能会被强行破坏掉。

大多数人把长期记忆想象为橱柜的抽屉，因此必须偶尔打扫一番，以便腾出空间以备新事物之需。但这是错误的！因为人的记忆无极限，一生中，你可以不断地学习并记忆新事物。

5 | 记忆的黄金时期

记忆力是一种十分重要的能力，而且它可以通过自身努力不断地得到发展与提高。记忆力好的孩子大多善于说话、乐于表达，具有较强的语言表达能力。因此，培养孩子的表达能力与培养孩子的记忆力是分不开的。

有人这样认为："一个人的聪明与否，取决于记忆力的优劣。"也有人认为："一个人的聪明才智主要取决于他的思考力、创造力、注意力及应用能力。"这两种说法各有道理，但都不全面。思考力、创造力、注意力及应用能力固然不可或缺，但是，只有在较强记忆力的先决条件下，其他能力才有存在的意义和基础。俄国著名的生物学家谢切诺夫曾说过，一切智慧的根源都在于记忆，记忆是"整个心理生活的基本条件"。的确如此，记忆是积累知识和经验的基本手段，离开了记忆，人类的智力活动也就无从谈起了。

记忆是人对过去感知过的事物和语言的再认和再现，人的一切知识都可认为是由记忆过程保持的。

现代心理学对记忆是这样定义的："从现代知识信息论观点看，记忆是一个对输入的信息进行编码、储存，并在一定条件下检索的过程。记忆不仅是人的心理发展的基础，而且是人类社会进行正常活动的必要前提。依靠记忆，人得以有效地适应并改造自然和社会环境。"对于单独的个体来说，记忆则是人们学习、掌握知识的基础，古今中外记忆力超常的大有人在。据我国达特劳斯学院家庭教育研究中心对超常儿童的调查，得出这样的结论：超常儿童记忆优异。表现为记忆快、保存持久。

人们以为儿童时期的记性最好，随着年龄的增长记忆力会逐渐下降，那么科学真相究竟如何呢？心理学认为，鉴定一个人记忆力好坏，应以记忆的敏捷性、持久性、正确性和备用性为指标再加以综合考察，仅仅只强调一方面而忽略另一方面是不全面的。

有人作了一个实验，要求分为两组的小学一年级、初中二年级和高中二年级的学生记住某个相同的材料。一组要求它逐字逐句背出来，一组要求意义记忆，即在已有知识经验的基础上，通过积极思考、分析加工，将新旧知识进行系统比较，从而在理解的基础上记忆。实验结果，在逐字逐句记忆方面，小学生领先（记住了72%），初二学生次之（记住了55%），高二学生最差（记住17%）；但是在意义识记方面情况正好相反，小学生记住28%，初二学生45%，高二学生83%。

就是说儿童机械识记比成人好，而成人意义识记比儿童强。机械识记主要是依靠机械重复而进行的识记，以理解为基础的意义识记在全面性、速度、正确性和巩固性等方面，比机械识记好。

儿童天真烂漫，像鹦鹉学舌，读起书来朗朗上口，于是人们误以为儿童的记忆力比成人好。

一般的，神童在记忆方面要超出同龄儿童的水平。他们记忆力特别强：2岁左右单词教2～3遍就能记住。有的幼儿瞬时记忆能超过9位数字。有的9岁儿童半天就能记住160个陌生单词。

要想激活孩子的记忆潜能，父母就必须全面发展孩子的各种内容的记忆，不但要有强的形象记忆，还要有强的语言、文字和情感记忆。记忆是孩子智力潜能开发过程中的重要手段。

人的大脑也像其他人体器官一样遵循"用进废退"的规律。根据近代脑科学的研究，人脑约有10亿个高度发达的神经细胞组成，可储存的信息是电子计算机的100万倍，而且前大脑的功能只开发了1/10。由此可见，人的智力潜能是无穷的。虽然人们常常羡慕神童的超人记忆，其实与其说他们的记忆力强还不如说他们记忆有术。当科学家全身心地投入到科学研究中去的时候，他们可以忘记周围的一切，甚至连自己的家庭住址都记不起来了，而此时此刻也正是他们出成果的最关键时刻。据说物理学家牛顿就常常由于热衷于思考数学问题，而忘了朋友的委托，甚至连自己是否用过餐都不知道。也正是由于达到了这种痴迷的程度，牛顿才成了伟大的科学家。

与成年时期相比，孩子时期记忆能力的发展是非常惊人的。幼儿在一年时间内所记住的内容，如果让成人来记，大约需要50年的时间；大多数人成年后都不如幼儿时期记忆力好。所以，开发和掌握孩子记忆黄金期尤其重要！

人的一生中记忆力是变化的，是随着个体的发育而发展变化的，开始是一条上升的曲线，而后又降下来。记忆的高峰年龄大约在 18～20 岁（美国心理学家桑戴克认为是 18～25 岁）。粗略地说，18～30 岁是人记忆力的黄金时代，而且判断能力、动作和反应速度都是最好的。对青少年来说，记忆的重要性无论怎么估价也不会过分。而且，中学时代又是人记忆的黄金时代。

　　* 心理学研究表明，人在 12～13 岁左右，机械记忆（无意义记忆）最为发达，而到 15～16 岁时，逻辑记忆（理解记忆）不断发展起来，而这个时期正是人的中学时期。心理学家发现，65 岁的人比 25 岁的人对新的不熟悉的经验的记忆能力平均要低 35%，而 80 岁的人的理解力只比 20 岁的人低 20% 左右。

　　所以，在中学、大学学习的同学，莫辜负了这段美好时光。

6 | 记忆的奇妙作用

　　没有记忆，人类就没有历史与过去，也就不可能有现在与未来；没有记忆，人类就不可能有现代文明，而只能年复一年地重复着原始人的生活。

　　可以说，正是记忆的作用，才使万物之灵的人类充满了智慧，才使人类代代进化，从而使社会不断发展。人类头脑的神奇智慧创造了更为神奇的人类社会，而记忆，便在这里扮演着智慧的参与者。

　　这种说法并不夸张。毫无疑问，人的一切智力活动都需要以记忆为基础，没有记忆的参与，人不可能进行任何智力活动。你能对事物进行思考，对历史进行反思，回忆往事，缅怀过去，这些都是记忆在为你提供材料。

　　"记忆是智慧之母"，古希腊诗人阿斯基洛斯睿智地说。生活在现代社会中的人总认为记忆是一种低级的脑力活动，可以以声音、影像、文字等方式取代。他们认为，人们不必在记忆上再花费任何精力，可以将精力用在创造性的劳动上。其实，这种意识是完全错误的。

　　你曾经游历过许多名胜古迹吧！你曾经观看过许多电视、电影、图书吧！

你曾听到过许多有趣的故事和许多首流行歌曲吧！你曾经思考过许多疑难问题、学习过很多课文和公式定理、背诵过许多外语单词吧！虽然有些事情已经过去很久了，但有的时候它们会浮现在你的脑海里。大脑这种对经历的再现，就是记忆。

英国著名哲学家培根说过："一切知识，不过是记忆。"我国古代著名大教育家孔子主张"多见而识之"。早在17世纪捷克著名教育家夸美纽斯就指出："假如我们能够记得所曾读到、听到和我们的心里所曾欣赏过的一切事物，随时可以应用，那时我们便会显得何等的有学问啊！"18世纪法国启蒙思想家狄德罗等百科全书派，曾制订了一幅"人类知识体系图表"，把人类知识划分为记忆、理性和想象三大类，在理性部分的"逻辑学"中，还明确写上"记忆术"的条目。可见，记忆是学习知识的关键所在。

每个人从降临人世的那一刻，便开始了学习。从学吃饭、学说话到学走路，再到上小学、上中学，有很多人还要上大学、出国留学，以后参加了工作，也还需要学习，人生的过程就是"活到老，学到老"的学习过程。在社会这个大课堂里，生活是一部永远读不完的鸿篇巨著。在学习中，你一定有切身体会：各种学习都是以记忆为基础的。没有记忆，学习过程就好像"漏斗里灌水——灌多少漏多少"。正是因为有了记忆，学生才能读书认字、学习知识。

古今中外历史上有很多政治家、革命家、军事家、科学家，他们都有超人的记忆力。

伟大的革命导师马克思、恩格斯、列宁都精通数国外语。毛泽东同志所掌握的历史和军事知识十分渊博。美国历史上的著名总统亚伯拉罕·林肯，他在53岁时，偶然遇见自己30年前参加"黑鹰战役"时的指挥官，竟能立刻喊出他的名字，使在场的官员们无不感到惊讶和钦佩。美国已故的乔治·马歇尔将军，在记者招待会上，把各位记者的面部特征和他们所提问题的特征联系起来记，因而能够迅速准确地对每个人的提问一一作答，获得了极大的成功。

纵观历史上许多在其专业方面取得创造性功绩的人，他们的大脑往往都具有良好的记忆力。在他们的脑海里，存储着许多前人总结的知识经验、生活的材料，当他们的创造性工作需要原料时，记忆便会毫不费力地提供给他们。

著名数学家华罗庚抗战期间在云南昆明西南联大教书时，由于纸张困难，只好用粉笔在黑板上演算、论证和推导。黑板上写不下很长的演算步骤，于是他就擦掉接着写，但他能够把这些擦掉的部分准确地记在脑子里，并有条不紊地把演算进行下去。

对于一般人来说，记忆力也同样重要。它是人们进行生活、学习和工作的前提条件。要获得成功，有一个好的记忆力是绝对必要的。

儿童从入学起，就开始学习好几门功课，中学学习的功课更多，谁的记忆力强，谁就能取得好的学习成绩，成为优秀学生。因为不论学习哪门功课，记忆都起着重要的作用。试想，虽然听老师讲了很多课，读了很多本书，但有很多都没有记住，那就不会获得知识。当然，如此日积月累，学习成绩就不会好，想升入高中、大学继续深造就有很大的困难。如果注意锻炼记忆力，学习的知识能够记住、理解和运用，那么，不但能顺利升入高一级学校读书，而且对今后走向社会，对工作也会有很大的帮助，对事业有很大的益处。所以说，无论是学习，还是从事某种职业，记忆力好，就容易取得成就，获得成功。从某种意义上说，好的记忆力就意味着成功。我们每一个社会成员，要想把工作做好，取得成功，就应该努力开发和提高自己的记忆能力。

很难想象，一个记忆力贫乏的人，他能获得怎样的创造性思维！记忆可以说是思维的根源，离开记忆，所有的智力活动都将成为无源之水、无本之木。

回头看一下不难发现，一个人的工作、学习、社交，可以说都离不开记忆。工作需要不断总结经验，需要大量的知识，没有好的记忆力能行吗？学习文化知识需要不断地温故才能够知新，没有好的记忆，何谈温故？又怎能获得新的知识？

记忆力不是天生的

第二章

在人的一生中，
需要记忆的东西无穷无尽。
虽然每个人的记忆各有区别，
但记忆绝不是天生的，
完全可以通过训练来改善。

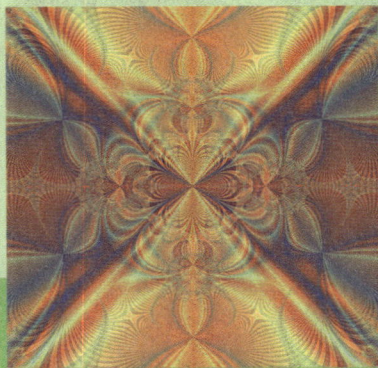

1 建立记忆的信心

不少人常常产生这种错误认识：记忆力强是天分，自己天生脑子笨。其实，"记不住"这只是一个欺骗自己的借口。相信自己，只要有信心，每个人都可以记住一切。

现代科学研究结果证明：记忆力的好坏绝对不是天生的。

常听有人说"我的记性真差"、"我对数字真是无可奈何，朋友的电话号码都记不住"、"我是个路盲，走过几次的路，我老是记不住"等。其实，对于数字的记忆力不好，并不就表示记忆力真的不好；无法记住行走路线，也未见得是记忆力低弱的象征。人一生下来，对于数字、文章、道路、名字等需要直接去记忆的东西，在能力上就有着差异。对于其中的一项特别强，并不表示所有的项目都很强。当然，对于其中的一项特别弱，也并不表示所有的项目都很弱。

实践证明，记忆力上的差异可以靠训练来改善。记忆时最重要的，就是抱着能够记忆的自信与决心。若是没有这种自信，脑细胞的活动将会受到抑制，脑细胞的活动一旦受到抑制，记忆力便会迟钝。关于这一点，我们可以从心理学上得到证明。在心理学上，将这种情形称为"抑制效果"。一般的反应过程是：没有自信——脑细胞的活动受到抑制——无法记忆——更缺乏自信，形成一种恶性循环。

因此，改善的第一个步骤就是恢复自信，使它演变成为良性循环，这就是学习记忆术的首要条件。不过，若是只有自信而不去努力的话，也是无法使记忆力增强的。希腊大雄辩家狄摩西尼斯（Demsthenes）之所以能有日后的成就，就是由于有充分的自信，加上超过别人数倍的努力。

心理学家在研究中表明：无论谁都可以增强自己的记忆力。乌德斯华十分强调自信的重要性。他说，凡记忆力强的人，都必须对自己的记忆力充满信心。因为，"记忆力这部机器越是开动得多就越有力量，只要你信赖它，它就有能耐"。

其实，正常的人是不可能没有记忆力的，如果不信，请试试回答下面的问题：

　＊写下从孩提时期到现在你所记得的 10 个人的名字（你的家庭成员除外）

　＊试唱（或背）一首孩提时期的儿歌或童谣

　＊请尽可能把最初所学的法语（或其他外语）单词回想出来

　＊试写出一至两个小学时期的老师或校长的姓，当然最好写出姓名

　＊试把过去游览过的地点及有关事情叙述出来

　＊试把两年读过的某本书的书名及作者姓名写出来

　＊5 年前你可曾出席过什么盛会，请尽可能详尽地记述出来

　＊写出 3 个 5 年以来还未见面的校友或朋友的姓名，看看能回想出多少个两年来未用过的电话号码或地址

　＊试复述一年之前所听过的笑话

　＊试说出 5 个现在朋友的姓名，回想起你与他们见面的时间、地点、及会面情况怎么样？当你将上述问题回答过之后，你会发现自己的记忆力比你原来所意料的好得多。不过请反过来想想，为什么这些事记得这么牢固，而另外一些事却忘掉了呢？

总之，使你记忆良好的第一条件是，经常想要记忆之事，将眼前通过的一切对象不当成泛泛之物，均加以记忆，想记忆的意识在此种情况下，渐渐变为习惯，使神经处在启动状态，脑细胞也必然能活跃起来。

一定要使自己自信"可以记忆"。开始就认为自己"记性不好"，一味否定自己，就无刺激心理，头脑也会日渐老化，记忆自然也就一天比一天衰退。自信会带来任何可能。具备自信非常重要。别人能做的事，自己也必能做，有此想法才能产生自信。具有自信，才能致力于记忆，其次应揣摩记忆的方法。任何人均有考试前死背的经验，这是很浪费时间的事，我们可按照理解，找出其意义与某一事实的相关性，洞悉事物的本质对于增加记忆力很有益处。

2 | 注意力是记忆的前提

一个人的记忆力与注意力有很大关系，因此，记忆力差不能一味说自己太笨。通常，人们对眼前的事情注意力不那么集中，往往就记不住。可见，注意力是记忆的前提，真正的记忆术就是"注意术"，有人还把注意力看成万世不变的记忆法则，这是有道理的。

所谓注意，就是集中精神注意事物和行为，把它们固定于意识之中，因此注意力越强，印象便越深刻。我们之所以会很快地把见到的、听到的、感受到的东西忘掉，就是因为没有给予它们足够的注意。要知道，任何记忆力的训练都应从集中注意力开始。下面就来先作几个小实验，以示说明。

①拿某件物品（小闹钟，钥匙或小玩具等）仔细看30秒，然后闭上眼睛，试着把你对这件物品的感受详细说出来。如果某些细节你还不清楚，请再看一遍，然后闭上眼睛再说。如此重复，直到能把该东西说得清楚为止。

②请选择3个思考题（如一项计划、一篇作文的题目、亲身的一次经历等），每题思考3分钟。先思考第一题，然后思考第二题，最后是第三题。思考题目时，思想不能开小差，尤其不能想到另两道题。

③请打开收音机，将音量调到你自己勉强能听清为止。微弱的声音迫使你注意力高度集中。不过，此练习每次最好不超过3分钟。

作完这几个实验以后，你就知道，注意力越集中，记忆就越迅速越牢固。因此，青少年要集中注意力，特别要训练这一点。

注意是心理活动对某种对象的指向和集中，它是认识活动得以进行的保证，贯

穿于整个学习活动的始终。注意可以调节心理活动的方向、组织心理活动的内容、保持心理活动的进行。在学习活动中，没有注意的参与是不可想象的。因此有人说，注意是知识的窗户，没有它，知识的阳光就照射不进来。要提高学习效率，就必须始终保持注意力的高度集中。注意又具有起伏现象，即对某一对象的注意总是存在周期性地加强或减弱，其周期通常是8～10秒。观察表明，注意的起伏现象并不破坏注意的稳定性，但经过15～20分钟的注意起伏后，便会导致注意不由自主地离开注意对象。因此在学习中，每隔10～15分钟转换一下学习内容或方式，如看一会儿书后记一记笔记，把一些实际的动作穿插在视知觉中，可缓和注意的紧张状态，有助于保持注意的稳定。

常用的引起和保持注意的方法有：加深对学习任务的理解，明确学习意义和目的；培养学习的兴趣，调节好情绪状态，提高克服困难的意志力；努力排除干扰，避免分心走神，学会运用思维阻断法，即当纷乱思想出现时，把眼睛闭上，反复握拳、松开，使肌肉收缩，并同时对自己说："停止！"如此反复做若干次，可以帮助集中注意力。

在提高注意力训练之前，首先要弄清一个人的注意力是如何分配的。研究表明，我们往往把注意集中在比较简单的认识过程上，从而无暇注意那些难度较大或更为复杂的过程上。究其原因有两种可能：一种是没有足够的注意力可以分配给不同的过程，另一种是不能向某一任务的各个方面有效地分配适量或适度的注意力。

因此，对记忆的训练，应更多地强调目的性。为此，可以采取信息集中训练法，以较快的速度，在较多的信息中找出所需要的信息，以达到训练注意力的目的。

训练注意力的目的是要提高记忆力。要做到这一点，必须要经过两个阶段，即注意力与记忆力协同训练阶段和记忆能力的训练阶段。这是一项较困难而又长期的训练阶段，它要求学生、家长及老师都要具有持之以恒的态度才能有效。这一阶段训练的项目很多，其中有一项"找不同"的训练是通过找两种材料的不同之处，从而达到训练注意力与记忆力协同发展的目的。这一阶段的训练至少需要坚持近1个月的时间，同时也要求家长在家里做辅助练习。由于人的记忆能力，要建立在视觉记忆有所提高的基础上，因此，训练内容还需加上听觉训练的内容。

提高记忆能力的另一要素就是"复述"。比如当要求人们记一组单词或某一术语时，大多数人都会通过大声背诵或默念来达到目的，这就是复述。但一些有学习障碍的学生，特别是未成年人，则不会自发地使用复述的方法。只有在教会他们怎样做之后，他们的记忆力才会提高一大步。如在教一名学前生做顺数练习时，起初他只能做到 2～3 位，训练了半年之后，顺数就可达 5 位，文字复述能力也随之相应地有所提高。

让我们来看一个有趣的实验。

> 一次，心理学家们正聚集一堂。突然，门被撞开了，一个农民从门外跑了进来，一个黑人拿枪紧迫其后，两人在屋里扭打作一团。农民倒了下去，黑人骑到他身上，扣动了扳机，接着两人冲向屋外。整个事件前后只持续了 20 秒钟。

其实，整个事件都是事先安排好的，并拍了照片，要求在场的心理学家们马上将该事件发生的过程写出一份完整的报告。结果，40 份报告中，错误在 20% 以内的只有 1 篇，有 10 篇完全写错了，另有 10 篇则全凭想象杜撰而成。40 份报告中仅有 6 篇正确地描述了整个事件的发生过程。

为什么这些具有很高专业水准的心理学家，描写突发事件会出现这么多错误？因为他们预先没有目标，忙乱中没有对这个突发事件的细节加以注意。

注意是心理活动对一定对象的指向和集中。俄国教育家乌申斯基说过："注意是一个唯一的门户，外在世界的印象或者较为挨近的神经机体的状况，才能

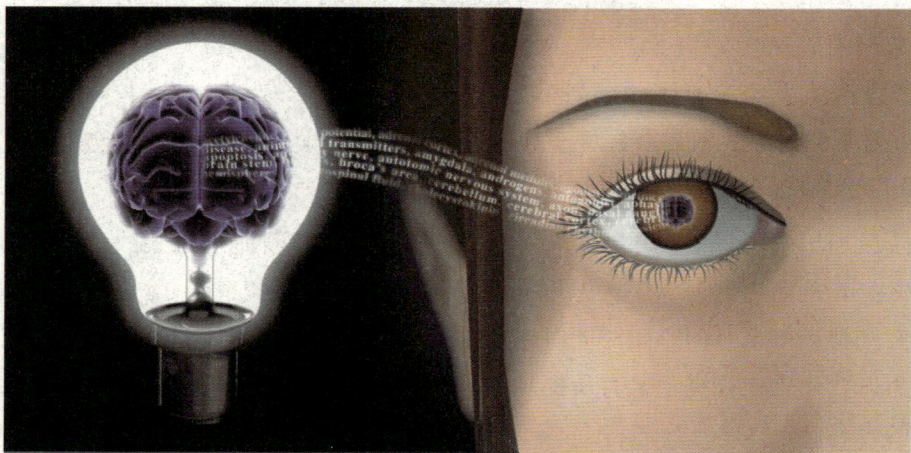

在心里引起感觉来。如果印象不把我们的注意集中在它身上，那么虽然它们可能影响我们的机体，但我们是不会意识到这些影响的。"古今中外名人的成功经验也说明了：记忆力真的不是天生的。谁能驾驭自己的注意，谁就是记忆的主人，谁驾驭不了自己的注意，谁就必然记忆平平。

良好的注意，还要排除干扰的因素。心理学对遗忘现象的研究表明：人们对记忆内容产生遗忘，其重要的原因之一是由于"记"、"忆"的过程中受到了内部和外界的干扰。因此，在学习的过程中，一定要强调环境的整洁和安静，以减少分心。

3 | 观察力是 记忆的基础

记忆的过程告诉我们：一件事情印象越深刻，记得就越牢固。深刻的事件、深刻的教训，通常都带有难以抹去的印痕。而一切事物，只有经过深刻的观察后，才可以使印象深刻化。反过来说，要印象深刻化，非经过深刻的观察不可。假如你看到一架飞机在坠毁，这无疑是记忆深刻的；又如你因大意轻信了某人，被骗去了一大笔钱，这也容易记得深刻。但生活中许多事情并不是这样，它本身并没有什么动人的场面和跌宕的变化，我们要想从主观上获得强烈的印象，就要靠细致地观察。我们脑海中所存的记忆，就像银行存款一样，假如没有钱存着，无论怎样努力，也不可能有现金提取出来。这就等于我们所经验过的事物，如不把它们储存在记忆中，无论怎样绞尽脑汁，也是一片空白。

因此，我们要把经历过的事物，像去银行存款那样把它储存在脑海里，以备应用时提取，这种储存就叫"铭记"。铭记形式分两种，一种是自发地、主动地去记，叫"自发铭记"；另一种是无意识的，但因印象强烈而自然"浮现"于脑海的，叫"被动铭记"。而精细的观察可以使我们达到"自发铭记"的目的，只有这种铭记才能记得更多、更准、更有储存可能。

有关心理学家所作的实验结果证明，即使是受过专业训练的观察者，也难以把亲眼见到的事物作出正确的报道。因为一般人对他自己见过的事物，总是观察得不够仔细，报告时往往加进了自己的想象。所以，在不少犯罪案件中，几个现场目击者的证词往往风马牛不相及，给破案增加了难度。

出现这种状况，主要是因为他们对突发事件既没有事先的记忆意图，也没做到冷静地观察，这样就极容易在主观的偏见中不自觉地歪曲了事实的真相。

观察对于记忆有着决定性的意义。因为记忆的第一阶段必须要有感性认识，而只有强烈的印象才能加深这种感性认识。眼睛接受信息时，就要把它印在脑海里。对于同一幅景物，表面看来，婴儿的眼和成人的眼看来都是一样的；一个普通人及一个专家眼中所视的客体也是一样的，但引起的感觉却是大相径庭的。因此，在观察时，一定要在脑海中打上一个烙印，这种烙印包含着对事物的理解和想象，而不是一个只有光与形的几何体。

达尔文曾对自己作过这样的评论："我既没有突出的理解力，也没有过人的机智。只是在觉察那些稍纵即逝的事物并对其进行精细观察的能力上，我可能在众人之上。"

大凡智商高的人，其观察力往往也很高。科学家从平常的现象中可以悟出非同一般的规律，艺术家可以抓住一刹那间的事物特征而构思出美好动人的艺术形象，这正是由他们超人的观察力所决定的。

如果说一切思维活动始于记忆力，而记忆力则始于观察力。假如最初的印象是错误的，那记忆也必然是错误的；假如最初的观察与过去雷同，那就不可能产生新的记忆，更谈不上运用两次记忆的差异产生新的联想，推动思维的进一步发展。

注意力和观察力是记忆的双翼。善于观察的人，容易把握事物的基本特征，从而对观察过的事物记忆深刻。在实验课上进行物理或化学实验的时候，观察能力强的学生收获就比观察能力弱的学生要大得多。人的创造性的活动更需要良好的观察力，大凡有巨大成就的科学家，都具有非凡的观察力，一些科学家能滔滔不绝地说出许多科学道理，甚至许多事物的细节，都得益于他们精细的观察及思考。

巴甫洛夫在工作中就提倡"观察、观察、再观察"，并把这作为座右铭，刻在他实验室的门墙上。

一个求知者，对周围的事物观察得越精细、越全面，就越能发现问题，越能对事物提出更多的"为什么"，促使自己不断思考，智力就会相应地发展。思考的过程就是大脑神经细胞兴奋、新的暂时神经联系形成的过程。从脑生理机制来看，这种活跃十分有利于记忆。

比如一个刚学植物知识的一年级学生在观察种子发芽时，并不仅仅是视觉器官感受事物形态后直观反映到大脑。当他在观察中发现，不同的培养环境，有的种子发芽有的不发芽时，他就会将观察到的情况作对比，就会通过思考而认识到种子发芽的条件是必须有充足的空气、适宜的温度和足够水分的。在观察芽的各部位时，关于种皮、子叶、胚芽、胚轴、胚根的已有知识，就会重新在他头脑中活跃起来，积极参与对新事物的分析判断，促使进一步的思考。正是通过这样观察、思考、理解、再思考的过程，知识才被牢牢地记住了。

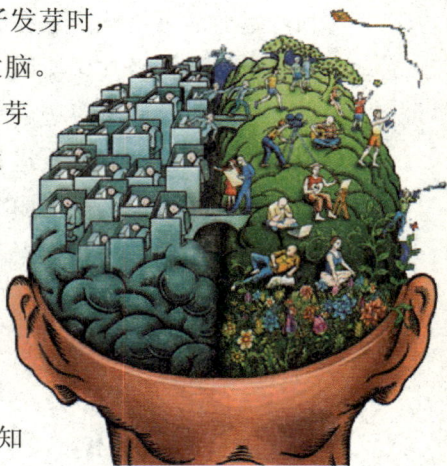

4 想象力是记忆的魔法

一个人的想象力与记忆力之间具有很大的关联性，甚至在有些时候，回忆就是想象，或者说想象就是回忆。如果一个人具有十分活跃的想象力，他就很难不具备强大的记忆力，良好的记忆力往往与强大的想象力联系在一起。因此，要改善和提升自己的记忆力，可以从训练青少年的想象力着手。

在记忆中，经常会碰到这样的情况：由于某样要记的东西对自己没有多大的实际意义，因此，也就没有什么兴趣去理解，此时只有靠死记硬背了，如电话号码、某个难读的地名译音。而死记硬背的效果是有限的，这时，你不妨采用一下联想。柏拉图这样说过："记忆好的秘诀就是根据我们想记住的各种资料来进行各种各样的想象……"

想象无须合乎情理与逻辑，哪怕是牵强附会，对自己的记忆只要有作用，都可以运用。比如一个人要记住自己所遇到的某人的名字，那么，也可用此法。

爱因斯坦的朋友在电话中告诉他电话号码是24361，爱因斯坦立刻记住了。原来他发现这是由2加19的平方组成的，所以一下子就记住了。当然这种联想要有广博的知识做基础。

不要担心自己大胆的、甚至是愚蠢的联想，更不要怕因此而招来的一些讽刺，重要的是这些形象在脑中要清清楚楚，尽力把动的图像与不同的事物联结起来。如果能经常这样运用，你的记忆就会大大加强。

另外，比联想更进一步的，是发挥想象力。想象力不但可以使我们把记忆的知识充分调动起来，进行融会、综合，产生新的思维活动，而且可以反过来使原来的知识记忆得更加牢固。

我们的想象力是根据空间或时间上的相近事物，容易在人们的经验中形成联想来进行的。有时也利用同音、近音、同义、近义等语言的特点来进行。下面有一组单词，你用心看2分钟，目的是尽量记忆。

帽子	木夹	点心	信封	电话机
钱	鳗鱼	房屋	铅笔	办公桌
上衣	花边	纽扣	袜子	仙人掌
米饭	猫	书	车灯	钓钩

如果让你按次序把它们复述出来，你会发现，许多都忘记了。为什么呢？方法不对。如果运用想象力，问题会简单得多。有一顶帽子，它底下放一部电话机，电话机上都是刺，因为这是仙人掌，拿这个仙人掌听筒的人确实不方便，何况他的嘴里还塞满了点心。点心里有一个小信封，信封里面还有钱，钱上印有一条鳗鱼，忽然这条鳗鱼活了，钻到办公桌下。原来这办公桌是座房子，烟囱是支巨大的铅笔，它像火箭向上升起，落到上衣上，上衣有花边，中间有纽扣，但上衣口袋是破的，铅笔漏到地上的袜子里，袜子夹着木夹。忽然铅笔飞走了，飞到猫吃的米饭碗里，猫正蹲在一本书上。它一受惊就逃出门外，被一盏车灯照射，它向前一扑，恰巧被车前的钓钩钩着了。

这样的想象力当然是非常古怪、荒唐，因为这些画面大多不会出现在现实中，就是童话中也很少有。但是因为想象力是为了把一些事物从外表上把它们联系在一起，不需要任何思想内容，也不要起码的逻辑，完全为了帮助记忆。

想象力是人类所独有的一种高级心理功能。有了想象力，就使我们的认识摆脱时间和空间的限制，扩大了认识范围。要知道，新形象并不是各种旧形象的简单相加，而是经过深思熟虑以后，对旧形象经过加工创造而来的。所以，进行联想应有丰富的知识基础，要尽可能扩大我们的知识面。

总之，对联系很少或只有孤立联系的材料，必须要建立一个"人为"的联系，即对本来无意义的材料附加一定的"人为"意义。或者在一个材料事例中设几个起提示作用的中介（或称启示点、支撑点），或者在材料周围寻找一些起提示作用的要点，以使机械识记变得容易、灵活而有趣味。这可以称之为人为联想式。

例如在教外语单词时，凡遇到象声词，教师就应提醒学生其象声的特点，以引起声音的联想，帮助记忆。有时同时记忆同义词或反义词，也是为了相互引起联想，由此及彼，增进识记。有时采用分类记忆，如把四季、12个月、星期等词分类记忆，也可起到相互辅助，互为"依托"，形成人为联系的作用。在外语单词记忆中，人们可能对各个词的记忆不平衡，有的记得牢些，有的差些。建立了人为联系后（如同义、反义、同类、相关等），可以以记忆较强的一个作为"启示点"或"支撑点"，引起其他词的再现。在同时记忆这些词时，等于在两者或更多者之间建立了一种联系（接近联想、相似联想、对比联想等），因而增进了记忆的能力。

有时某些抽象的名词，如世界、国家之类的词，怎么明白其含义并记牢呢？著名儿童教育家菲特尔教授是这样做的：

"我从自己住的地方讲起，左右邻居一长排的房子叫街道，把许多街道合起来叫区，把许多区合起来叫县或市，把许多县或市合起来叫州，把许多州合起来叫国家，把现在各地的国家合起来叫世界。"

不难看出，他利用想象力不仅帮助学生牢记，而且还帮助学生加深了对抽象概念的理解。

想象力为什么能起作用呢？在世界上，客观事物有着千丝万缕的联系。有的表现为从属关系，有的表现为因果关系。把反映事物间的那种联系，把在空间或时间上接近的事物，及在性质上相似的事物和人们已有的知识经验联系起来，是增强记忆的好方法。从记忆的生理机能看，联想能有效地建立脑细胞之间的触突联系，有助于记忆网络的形成，这样不但可以长期保持，也容易再现。所以，一定要用想象力编织记忆之网。

第三章

记忆是学习知识之根本

知识是怎样装进我们的大脑的呢？
可以说，所有的知识都是靠记忆获取的。
正是依赖于记忆的强大功能，
人类才掌握了如此浩瀚的知识。

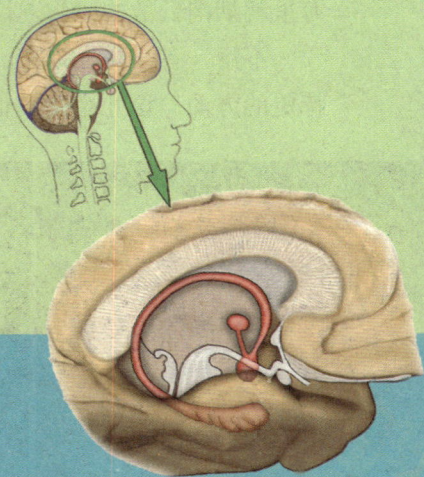

1 知识的掌握
依赖于记忆的功能

准确而敏锐的记忆力是所有事业成功的基础，我们所有的知识是建立在我们记忆的基础上。柏拉图这样说过："所有的知识不过是记忆。"而西塞罗在谈到记忆力时认为："记忆是一切事物的宝藏和卫士。"一个有力的例子足以证明这点，如果你记不齐字母表中 26 个字母的发音，你现在完全不可能识字读书！

如果你认为自己的记忆力不好，这并不奇怪，因为成千上万的人都这样想。可不管你信不信，实际上并不存在这么回事。

让我们仔细看看记忆力的好坏到底是指些什么东西。

从古到今，一些名人都被认为记忆力非凡。像拿破仑，就以能记住部队里每个军官的名字而闻名天下；霍特尔将军凭着记忆几乎能够复述出英法大战中的每个事件；托斯卡尼尼指挥整个交响乐章可以不用乐谱；美国的前任邮政部长法利记住了成千上万个人的姓名。

如此非凡的记忆绝技可能会使你感到望尘莫及，特别是当你像其他许多人一样连几天前见过的人的名字也想不起来的时候，当你在会上发言不带手稿连十分钟也讲不下去的时候，当你早起找不到钥匙的时候，当你刚看完的书在脑海里就烟消云散的时候，这种自卑尤为强烈。

不错，有很多人以某一特定方面的非凡记忆力而出名，但是请注意"某个特定的方面"这几个字。他们的记忆盛名与某些特定的内容有关，这个客观事实说明，他们的记忆才能仅仅局限于那个特定的方面而已。

提升自己的记忆力，不仅仅在于造就某一方面的杰出记忆力，而是要使个人的记忆力在整体上、在各个方面都达到一个更高的水平。经过训练与未经训练的记忆力的差别不一定就只表现在对单词、数字的记忆上，而是在对所有事物的记忆上，既包括学习也包括生活。

归根到底，我们所有的知识都有赖于

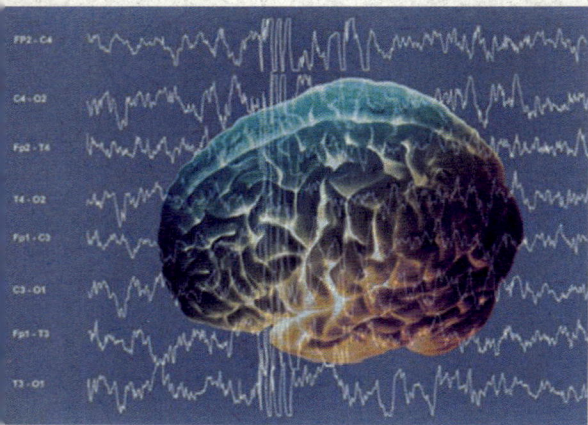

记忆，如果记不住字、词、标点和句子的意义，那么你很多知识都无法掌握。没有记忆也就不会有人类文明的进步，每一项新的发明都是以记住前人的经验为基础的。

也许这对你来说有点牵强附会，但事实的确如此，实际上，如果你完全丧失了记忆力，你就不得不像一个新生的婴儿那样从零开始学习。你会记不住怎样穿衣、刮脸，怎样用你的化妆品，怎样驾驶你的车，怎样使用餐刀或叉子。你看我们把习惯的一切事物应当归之于记忆，习惯即记忆。

2 记忆力是青少年学习的必要基础

记忆，顾名思义，先有"记"，而后有"忆"。识记和保持就是"记"，再认或再现就是"忆"。"记"是"忆"的前提，没有"记"绝不会"忆"；"忆"是"记"的验证，"忆"不出来或不准确就是"记"得不好。所以，记忆是个"记"与"忆"彼此紧密联系的完整的心理过程。

没有记忆，人就无法学习和生活，其实也就相当于一个不懂事的傻子。记忆对青少年尤为重要。青少年需要依靠记忆汲取知识、运用知识。青少年的学习任务非常繁重，在这个学习的非常时期中，记忆力的培养与提高更显得极为重要。专家强调，记忆力是学生学习的一个十分必需和必要的基础，要想学好和巩固任何一门学科的知识，没有良好的记忆力为基础都是无法实现的。

（1）记忆力是学生学习必不可缺的基本功

稍加留意就会发现，每当考试之后，总会听到有同学发出这样的议论"真不争气，我怎么也想不起来从前学过的东西了，总是记住前面的忘了后面的"

或"真幸运，这些题的内容我几乎可以倒背如流了"。显然，从话中就可听出这两个同学的成绩了。

为什么条件差不多的同龄人，只是因为记忆力的水平不同就会出现如此大的反差呢？

我们知道，没有记忆，人就无法学习和生活。同学们在学习中所讲的"记住"，就是对已经学习过的知识反复感知、获得印象，并留下痕迹的过程。这样，我们对记忆力突出考试成绩也突出的事实也就不难理解了。

记忆对青少年学习是非常重要的。青少年需要依靠记忆汲取知识、运用知识。没有对学过的知识的记忆，或者记忆不牢固、不深刻就无法积累知识，也很难学懂新知识，这对提升学习成绩是极为不利的。我们所学的科学知识都是系统性的、有联系的，对前面所学的概念、公式、定理、法则没记住，后面的知识就很难去理解和掌握，因此说，记忆力是青少年学习最重要的基本功。

（2）提高记忆力有益锻炼意志品质

现在学校教学，课程多、进度快、难度逐渐加大，知识量日益增多，学生如果没有一个良好的记忆力为基础支撑，很难取得较好的学习成绩。从人类智力发展规律看，任何人的记忆力都不是天生的，都是通过后天的培养和训练才能产生与提升。这就需要有一个过程，青少年只要依照科学的方法，循序渐进有针对性的坚持培养下去，不仅可以在学习成绩上取得满意的结果，还可以锻炼有益的意志品质。

需要指出的是，在培养和提高记忆力的过程中要注意两个问题：一是不要急于求成，在学习过程中，要按照思维发展的本质与规律培养自己的记忆能力；二是更要勤于动手、勤于动脑，日积月累，便会功到自然成。

（3）培养记忆力对提高成绩大有帮助

由于每个人的自身条件、成长环境不同，记忆的快慢、准确、牢固和灵活程度也不相同。实际上，每个人都有自己特有的记忆类型，或是视觉型、或是运动型、或是混合型等。这些不同的个性特点，会使不同的青少年随其记忆的目的任务，对记忆所采取的态度和方法各异。记忆的内容会随着个人观点、思

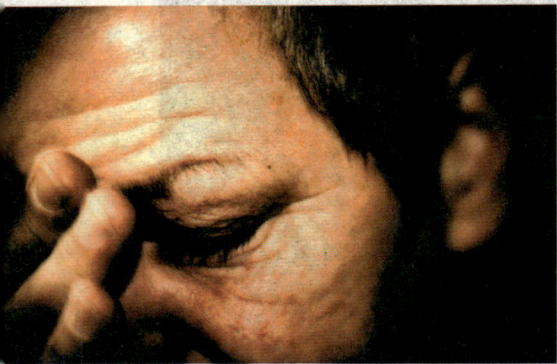

维方式、学习兴趣、生活经验而转移，对同一学习内容的记忆，各人所牢记的广度和深度也往往不同。这些已被实践所证明。

根据个人记忆的不同特点，在记忆力训练中，有针对性的选择训练方法，选择进度与难度，选择类型和特长，使之形成"记"与"忆"彼此密切联系的完整的心理过程，这对快速提升自己的学习成绩绝对是有帮助的。

总之，记忆力与中学学习关系密切，意义重大，掌握记忆的学习方法，会对每个青少年的学习及人生成长都有特殊重要作用。

3 学习科学 记忆七要诀

心理学研究表明，人的记忆不是单一存在的，它同思维、意识等大脑活动紧密相关，因为记忆不是最终的目的。所以，疲劳记忆等不科学的记忆方法不仅不能记住需要记忆的东西，还会造成记忆力下降、记忆混淆等不良影响。科学记忆，事半功倍。

记忆要讲究方法，以下七要诀希望对青少年的学习有所帮助。

（1）保持稳定而愉快的情绪

记忆不是单一的思维活动，它往往与一个人的心情联系紧密。愉快的心情能够增强记忆的广度和深度，愉悦的心情不仅会使你把事情记得更快更多，也会记得更牢靠。这不难理解，愉悦的心情会让你对记忆充满主动性而不是被动的勉强硬塞。

（2）注意适当的营养

大量的记忆消耗的身体能量多，所以需要不时补充适当的营养。有计划的、适量地吃点鱼、肉特别是蛋黄，对于维护记忆功能是很必要的。另外，新鲜空气能使大脑得到充分的氧气，增强记忆力。空气污浊，头脑发胀，影响记忆效果。

（3）切勿抽烟饮酒

吸烟降低人的记忆力，吸的烟越多记忆力降低越明显。长期饮酒，也可使人注意力涣散，理解力降低，记忆力下降，意志力消沉。

（4）要注意劳逸结合

在学习中，打疲劳战也是笨方法，十分不可取。与其说昏昏沉沉地耗着，不如劳逸结合，学习一段时间以后，适当地休息一下，做体操、打球、唱歌、谈笑，都可使大脑得到适当的休息，进而在大脑恢复活力后取得事半功倍的学习记忆。

（5）合理的作息是十分重要的

人体生物钟是有节律的，如果一个人每日的生活规则，在固定的时间从事固定的活动容易让身心达到较佳的状态。如果经常无规律地生活学习，身体就会和意愿唱反调。因此，制定好每日的作息时间之后就要严格遵守不能轻易更改，这样才会保证以良好的身体状态学习。

（6）注意掌握最佳的记忆时间

一般说来，早晨和晚上临睡前是提升记忆效果最好的时间。心理学研究证明，记忆事物总是容易对首尾记忆深刻，那是因为记忆总是相互干扰，而首尾的干扰因素少，因此更容易记住。在早晨，大脑没有受到学习材料的干扰，而临睡，不再受新学习的干扰。所以每天临睡前，把一天内学习的主要内容，像过电影一样在脑子里过一遍，这对记忆的巩固很有帮助。如果把晚上记的材料，第二天早晨再记一遍，效果会更好。

（7）合理用脑

学习中使大脑皮层的不同部位轮流兴奋和抑制，也就是合理用脑，有助于增强记忆力，会使人保持不疲劳的状态。长时间啃一门课不如不同课程交替学习的效果好。内容相似的课程不要挨着复习。学习时用的是左半脑，听音乐是用右半脑。右半脑兴奋几分钟，左脑就可休息一下。用音乐来调节，做到合理用脑，在世界各地的大学里已被广泛重视。

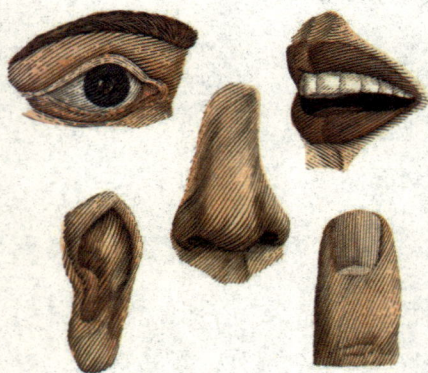

4 掌握好的记忆方法就能乐学善学

对大多数青少年来说，记忆是一件苦差事。但如果掌握了良好的记忆方法，记忆就会变得充满乐趣。

记忆一般要涉及到人的五感（视觉、听觉、触觉、味觉及嗅觉），特别是视觉。在脑中以图形形式出现的印象，对人的记忆起着重要作用。例如，人们总能很容易地记住一个人的面貌，而不是他的名字，这就说明人脑对视觉形象比较敏感，当然也就记得比较牢。那么，如果尽可能多地用图解来帮助记忆，就会使枯燥、困难的记忆过程，变得有趣与简单。

有一种"栓钉记忆法"，依据的就是图形记忆的原理。比如，在需要按顺序记单词时，你可以把数字从 1 到 10 都找到一个词来代替，作为你的"记忆栓钉"，例如 1 是衣服，2 是耳朵。然后，把你要记忆的单词，按照顺序和栓钉建立联系。如果第一个是蛀虫，你就想象是一件爬满蛀虫的衣服，第十个是卡迪拉克轿车，你就可以想象，用石头把卡迪拉克轿车砸得稀巴烂。这就是利用你头脑中浮现的画面来帮助记忆。原则上，你设想的画面越奇特、越离奇，记忆的效果就会越好。你还可以用自己的衣服、文具、教室的物品和同学的人名，来建立这套栓钉系统。这样，在考场上，你只要想起自己熟悉的东西，就能回忆起问答题的几个要点，并想出分别是什么。

记忆的方法还有很多，包括：联想记忆（接近联想、类似联想、对比联想、因果联想等），分类记忆（根据不同标准分门别类灵活掌握），编码记忆（将记忆对象编成一个"记忆链"），集散记忆（全习、分习、全体、重点、分组渐进），相关记忆（抓住共同点、相关处连锁记忆），形象记忆（趣味、歌诀、直观、实验记忆），规律记忆（演绎、归纳、类比、比较等逻辑记忆），讨论记忆（群体切磋研究、辩论、争论等），多通道协同记忆（听、读、说、写、做等），利用多种工具记忆（参考工具书、参考书、自编资料、电脑软件）。例如，周总理记全国 30 省市自治区的名称，写成口诀：两湖两广两河山，五江云贵福吉安，四西二宁青甘陕，还有内台北上天。很显然，每个人都会有自己记忆的一些诀窍，可以加以总结，自觉地使用它们，将会大幅提高记忆的效率。

5 怎样增强记忆力

记忆是学习的关键，记忆力是获取知识的基础，有了记忆，人才能积累经验，不断进步；没有记忆，一切智慧活动，都将无从谈起。

学生时代需要记忆的东西比较多，很多青少年学生或许正在为记忆上的压力而苦恼。前边学的知识还没有记住，后边就又来了一大堆的知识排着队等着输入大脑，如果记忆的账欠得过多，再听老师讲课就成了鸭子听雷——听不懂了。那么应该怎样提高自己的记忆力呢？不妨从以下几个方面去进行训练。

（1）保持和增强大脑的记忆机能

首先是科学地安排饮食和睡眠，注意劳逸结合，加强身体锻炼。其次是经常坚持记忆锻炼，每天都记忆一些新东西。俗话说："刀越磨越利，脑越用越灵。"记忆力也是越锻炼越好。

（2）不要欠债

如果你所欠的记忆债务过多，你就会感到学习任务特别繁重。要改变这种局面，就必须对所学内容及时进行整理，该记的尽快记牢。不要等到总复习时再去突击记忆，因为突击记忆不仅不利于提高学习效果，而且还会使平时的学习障碍重重，以致使整个学习计划被打乱。

（3）调好"光圈"

照相机只有对准物体，调好光圈，才能摄出清晰的图像来。记忆也是如此，要想记得准、记得快、记得牢，必须明确记忆任务，并且注意力要高度集中，要有记不住它不罢休的心态。

很多人认为，那些记忆力超凡的人有天赋，有特异功能，其实，这种看法和认识是错误的，他们只不过是通过培养和训练掌握了巧妙的记忆方法而已。既然人的身体素质可以通过锻炼来加强，那么人的记忆力为什么就不可以通过训练而得到增强呢？

事实上，那些记忆力超群的人，都善于对记忆力进行训练。

这个事实告诉我们，只要掌握记忆的要诀，是可以获得良好的记忆力的。

我们常听人抱怨说记忆力越来越差或者说从小就不善记忆，这只表明他们放弃了记忆力的训练而已。

每个人只要把握要领，在日常生活中不断练

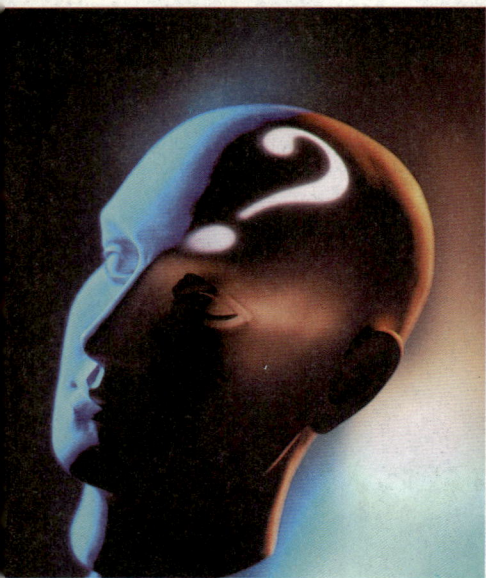

习，是可以显出效果的。

将一些笼统的记忆要领收集起来，根据大脑心理学和学习心理学的原则加以整理，使之合理化，让任何人都能轻易掌握，这就是我们在这里将要提到的"记忆法"。

随着时代的进步，这些方法已经得到不断改进和完善，已经更科学化、更合理化，我们只要按这些方法进行科学而正确的训练，就能提升我们的记忆力。

6 提高记忆力会使你学习如虎添翼

青少年学生无论是复习，还是平时的学习，都离不开记忆，只有掌握了科学的记忆方法，才能更好地发挥出你的实力，切实提高学习效率。如果你想记忆力超群，请先掌握以下方法。

（1）限定时间，克服大脑的惰性

每个人的大脑都有惰性，在没有时间限制的情况下，往往提不起精神，弄清了大脑这一特性，在背诵一些材料时，我们就特意给自己设限，限定在一定时间内完成。只有这样，才能让大脑兴奋起来。

当然，仅仅给自己设置时限还不够，还要有明确的目标。比如每天背诵10个单词，晚上睡觉前自我检查，假如完成得好，就会增强信心。倘若我们笼统地确立一个目标，说本学期把英语成绩提高到全班第一，看上去有时限，但目标不明确，难免会感到无处下手。因此，目标要细化，要便于自我检查。这样，每实现一个目标，都会让你获取成功的喜悦，自信心也会随之增加。

（2）在遗忘最快的时候迅速复习

对学过的内容要及时进行强化，以巩固头脑中刚刚形成的印象，这种方法称为"及时记忆"。这是一种最简单，也是最有效的方法，而青少年学生却重视不够。比如，对语文、历史、政治等学科，许多学生认为只要考前强化一番即可，平时不去及时复习，结果考试前花费大量的时间去背诵，搞得头昏脑胀。

德国著名心理学家艾宾浩斯曾对记忆进行过大量的研究，他发现，人们在学习中的遗忘是有规律的，在记忆的最初阶段遗忘速度较快，后来逐渐减慢，经过一段时间后，几乎就不再遗忘了，这说明，遗忘存在着"先快后慢"的规律。

所以，青少年要掌握这个规律，要在起先阶段及时复习。这会极大地提高学习效率。

（3）在理解的基础上记忆

青少年只有理解了所学的知识，才能将其迅速而牢固地记在脑海里。

记得有位哲人说过："感觉到了的东西，我们不能立刻理解它，只有理解了的东西才能更深刻地感觉它。"有些内容，如科学概念、范畴、定理、法则和规律、历史事件、文艺作品等，都是有意义的。人们记忆这类材料时，一般都不逐字逐句地机械背诵，而是首先理解其基本含义，然后才进行记忆，这样记忆的效果才最好。

（4）边背诵，边回忆

有些同学学习很勤奋，对需要记忆的知识他们会一遍又一遍地背，但考试结果未必理想。而还有一些同学会一边背诵，一边尝试回忆，效果却往往好得惊人。这是为什么呢？心理学研究表明，复习时，如果你主动尝试回忆，就能提高你的记忆效率。而如果将尝试回忆与反复诵读结合起来，效果则更佳。而如果把全部时间用于朗读，记忆效果最差；如果把 20% 的时间用于尝试回忆，记忆效果就会明显提高；如果把 60%—80% 的时间用于尝试回忆，记忆效果最佳。

因而，边背诵，边回忆，是增强记忆力、提高学习效率的行之有效的方法。

（5）画图制表，减轻记忆负担

直观形象的材料比枯燥抽象的材料容易记住，大量的实验都证明了这一点。例如，老师向同学们分别出示 10 个实物和语词，请他们当场回忆。结果，平均能回忆出实物 8 个，而语词只能记得 7 个。几天后，实物能回忆出 6 个，语词却只能回忆出 2 个。

为什么图表容易记忆呢？因为认识词语用的是人的大脑左半球，认识实物或图表用的是大脑右半球，而如果通过图表来记忆知识，则同时使用了大脑的左右两半球。

这就告诉我们，记忆复杂的学习材料，应该善于利用图表，这样不仅可以由繁化简，而且可以使记忆更深刻。比如历史事件的历史年代不太容易记忆，就可以通过自制的历史年代表来帮助记忆。自制图表的过程，实际上是在头脑中对材料进行反复加工的过程，当然会在头脑中留下深刻的印象。

列表是把材料分别集中起来，放在表中适当的位置上。往往是一张表整理出来了，条理也搞清楚了，内容也记住了。这种记忆方法，运用范围广，类型多种多样，常用的有：

一览表：站在统观全局的角度，对复习材料进行鸟瞰，掌握其相互关系。

系统表：使复习材料系统化，便于通盘掌握和整体记忆。

比较表：对复习材料进行比较、分类，从特征上掌握知识材料。

统计表：将带有数据的复习资料制成表格。

网络图：用图示来突出知识各方面的关系。

示意图：将记忆的材料用自己明白的方式画出示意图，注意示意图线条要简洁，立意要新颖，如果采用水彩笔效果会更好。

（6）材料分类进行记忆

有些材料，看上去乱七八糟，但如果按一定标准进行分类的话，记忆起来就要容易得多。实际上，分类过程就是一个理解的过程，我们一边在分类，一边就在理解、记忆了。

记忆下列10种物品：猫、帽子、狗、挂钟、桌子、衣柜、眼镜、鹦鹉、鞋子和戒指，如果使用反复背诵的方法也可以，但往往要花较多的时间，并且时间一长还会忘记。

如果我们把上述的10种物品加以分类，比如：猫、狗、鹦鹉是动物，帽子、眼镜、鞋子、戒指是穿戴在身上的东西，挂钟、桌子、衣柜是家里的摆设。把这些物品分成三类以后，就容易记忆多了。

第四章 开发记忆的潜能

人脑对接触到的信息，
在或长或短的时间里几乎全部"收容"进来。
因为大脑有超级容量，
所以，记忆的潜能是巨大的，
也是可以开发出来的。

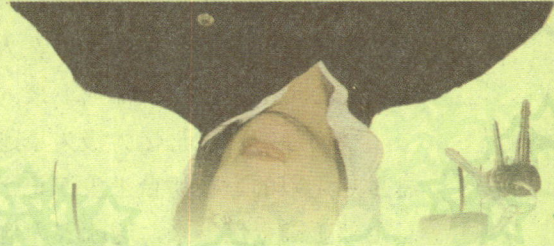

1 大脑是个 "超级内存"

在这个瞬息万变的高科技时代，电脑对人类起着举足轻重的作用。众所周知，供电脑快速记忆的内存是有规格的，它的规格限定着它的容量。但人脑却是一个"超级内存"，像一座深不见底的金矿，可以供人无限开采。然而，迄今为止，这座金矿被人类自己开采的程度还很低：世界著名的美国控制论专家N. 维纳说："每一个人，即便是创造了辉煌成就的人，在他的一生中利用自己大脑的潜能也不到百亿分之一"。

人类的大脑是世界上最复杂、效率最高的信息处理系统。虽然它的重量只有 1400 克左右，但其中却包含着 100 多亿个神经元；在这些神经元的周围还有 1000 多亿个胶质细胞。大脑的信息存储量大得惊人，每秒钟大脑足以记录 1000 个信息单位，也就是说，在从出生到老年的漫长岁月中，我们能够记住周围所发生的一切事情。

爱因斯坦是 20 世纪举世公认的科学巨匠。他死后，科学家对他的大脑进行了研究，结果表明，他的大脑无论是体积、重量、构造，还是细胞、组织，与同龄的其他人，没有什么区别。这充分说明，爱因斯坦成功的"秘诀"，并不在于其大脑的与众不同，用他自己的话说，在于"超越平常人的勤奋和努力以及为科学事业而忘我牺牲的精神"。正如《美国心理学会年度报告》中指出的：任何一个大脑健康的人与任何一个伟大的科学家之间，并没有不可跨越的鸿沟。他们的差别只是用脑程度与方式的差异，而这个差异不但可以缩小，而且可以超越。

据专门研究记忆力的阿诺欣教授和劳金茨科克教授说，人脑的容量非常之大，几乎对进来的信息全部都能收容下来。

据劳金茨科克教授计算，人的大脑，即使平均每秒钟都输入 10 个新的信息，如此继续一生，也仍然还有记忆其他事项的余地。类似"储存量溢出，已经再也装不进任何东西"的情况，在人脑的记忆功能上是不会发生的。因此，我们可以放心地准备把什么都记下来。

我们经常发现记忆力极为卓越的人物，这无异是在证明人类能够记忆的信息量是无限的。在舞台上表演记忆术的天才，可以将众多前后没有联系的新信息全部正确记忆下来，这就因为他掌握了有效的记忆的方法。

有个以"完美的记忆家"知名的俄罗斯人，提到他记忆力的惊人之处，有这么一个插曲，据说他谈到15年前某天发生的事情时，说过下面的话："那天的哪一个时刻也需要我说出来吗？"关于他，俄国心理学家亚历山大·鲁利亚教授作过几年的调查，调查结果表明他的脑部结构和机能都无异于常人，只是从幼年起他就学会了记住发生在身边事情的方法。

古希腊的西摩尼德斯曾经说过："记忆法是雄辩家素养的本质部分。"奇克罗也著文记载过当时的法学家和雄辩家们都得到了记忆法的帮助，并在《雄辩家论》中叙述了他本人是如何应用记忆法的。

由此可见，不断地运用和挖掘你的大脑记忆潜力，掌握记忆方法，你将获得无穷的记忆宝藏。

2 潜意识中储备着出色记忆能力

记忆是人类使用最频繁也是最重要的大脑功能之一。如果我们能够掌握增强记忆的方法并运用到实践中去，那么我们对大脑的使用将大为改进，使大脑能够变得更加灵活，运转效率也会极大提升。这样，学习能力低下的学生在成绩方面可以取得大幅度的提高，而成年人则能在复杂的信息社会中游刃有余。

人的意识表现形式有两种——表层意识和深层意识，这两种意识的工作内容完全不同。意识位于大脑左半球，潜意识位于右半球，通常人们只使用外部的意识，而很少使用潜意识，其实出色的记忆力就存在于我们的潜意识区域。

一般情况下我们认为通过背诵达到理解的目的是很重要的。然而理解行为只运用了我们的表层大脑，大量反复的朗读和背诵可以帮助我们打开大脑内由表层脑到深层脑的记忆回路，从而改善我们的记忆素质。浅层记忆发生在表层大脑中，很快就会消失得无影无踪，而通过深层记忆回路，大脑的素质会发生改变。深层记忆回路是与右脑连接在一起的，一旦打开了这个回路，它就会和右脑的记忆回路连接起来，形成一种"优质"记忆。

左脑的记忆回路是低速记忆，而右脑则是高速记忆，两者的性质完全不同，左脑记忆是一种"劣根记忆"，右脑记忆则让人惊叹，它有"过目不忘"的本领。形象地说，人的记忆宛如一盘录像带，看到的场景，听到的事情，都会无一疏漏地存入大脑。

右脑好似一个能无限地收藏录像带的巨型仓库。为便于提取，每盘带子依场景、情节的不同贴上标签，这便是左脑管辖范围内的功能之——语言的职责，由于左脑记忆的文字信息量远远少于右脑，这两种记忆的能力之比竟高达1:100万！

我们处在信息大爆炸的时代，一个人今天掌握的知识是古代人的几千倍几万倍，因此如何在如此庞大的信息库中有效地将搜集的信息储存是人脑潜能开发的关键，而这也正是右脑的功能。尽管如此，一般人却仍习惯于只使用靠"劣质记忆"来工作的左脑，而右脑一直在睡觉，所以说人们一直在错误地使用自己的大脑一点也不过分。

3 提高记忆力的必要条件

青少年为了提高大脑的记忆力，应掌握以下三个条件。

（1）保持身心健康

人的病痛、疲倦、睡眠不足、过分劳心、兴奋过度、不安、孤独感、焦虑感等都不利于大脑对信息的记忆，并会对记忆造成严重的阻碍。

身体的健康对保持良好的记忆非常重要，每天应有足够的睡眠，并摄取充分而均衡的营养。

为了避免记忆力衰退，日常生活的安排务必规律化，只有这样才会保持充沛的精力，脑细胞才会灵活运转，记忆力才会随之增强。

高质量的睡眠可使脑细胞得到休息，是孕育活力的不可缺少的条件。但睡眠时间的长短并不和所获的休息程度成正比，休息程度需视"睡眠量"而定，即以睡眠的深度乘以睡眠的时间，才能决定其效果。

因此，浅睡需要较长的时间才能达到所需的"睡眠量"，而熟睡则需较短的时间。因此，熟睡有益人体健康。

（2）经常刺激脑细胞以保持灵活

要使脑细胞保持灵活，就必须经常给它一些新的刺激，这里所指的刺激并不在于多寡，主要是激发探索或研究新知识的欲望。

也就是说，青少年经常要保持一种求知欲，并始终怀着好奇心，这样才能使脑细胞保持兴奋，运转灵活，处事不死板，有弹性，从而使记忆力得到加强。

（3）记忆力开发所需的素质条件

① 树立"记忆"的决心

心中树立"我非把它记住不可"的信念。强烈的意志作用可以排除一些不必要的心理障碍。当对某件事情没有信心时，那么它对大脑的作用就会受到抑制。因此，记忆前，一定要给自己打气："我有超水准的记忆力，一定能记住。"

② 对记忆对象感兴趣

一般人都以为年纪大了记忆力衰退是必然的生理结果，其实不然，这主要是由于年长者对事物的好奇心和兴趣相对减弱的缘故。当我们对事物不感兴趣时，大脑反应就会迟钝。

③ 确实理解记忆对象的含义

"死记"效果不好的原因在于对记忆对象的内容和实质并不了解，或只是一知半解。当某件事情对你有特殊意味时，给你的印象才能特别深刻，难以磨灭。反过来说，如果要你去记一件毫无意义的事物，是很困难的。

因此，青少年在记忆时，必须将记忆对象的内容及含义彻底了解，并找出它们之间的相互关系以及与其他事物的关系，这样记忆起来就相当轻松而且方便了。

④ 尽可能动员多种感官

也就是要同时运用多种感官，多方配合，共同记忆。记忆，离不开眼看、手写或口读，也就是说要动用视觉、动作、听觉三种感官，才能得到有关记忆对象的详细情报和信息。

我们体内有许多感觉容纳器，这些器官不仅从体外，而且从体内能够接收各种刺激，从而引起不同的感觉。比如视觉、听觉、嗅觉、触觉、压觉、痛觉及对温度的感觉等，大部分都由外界刺激引起。而内脏器官，则把体内的状况传达给我们。

因此，充分利用感觉器官作为我们认识外界事物的工具，事物在我们脑海中留下的印象就会深刻得多。可见，如果不能很好利用这些感觉器官为我们的记忆服务，简直是一种资源的浪费。

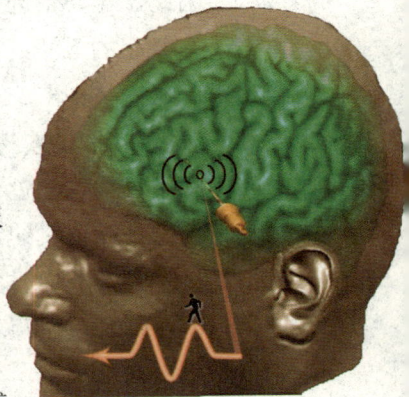

41 高效记忆的五大诀窍

提高自己的记忆力其实并不是一件困难的事情，要相信你也同样可以记忆超群，只要你能够掌握记忆的五大诀窍。

（1）在说、听、看中加深记忆

学过外语的人都知道，记忆单词单靠默读默背是不够的，还必须大声地朗读，念出声来。这实际上是在心记的过程中，加上了听觉记忆过程。两种不同的方式记忆相同的内容，当然要比单纯用一种方式印象深刻得多。

记忆外文单词时，一定要念出声来。不要怕面对书本自言自语、大声朗读的形象不太好看，因为只有这样能有效地记忆。

有人说："眼睛和嘴巴一样会说话。"其实，手势和身体动作也一样会说话。学习外文，口读和手写并用，加上手势和身体的动作，可获得 3 倍效果。本来，人在进化的过程当中，作为意志传达的手段，是手先于口，用手和身体动作帮助记忆是最自然的事情。

因此，需要记诵的科目像语言、人类文明史、国家地理等，除了采用口读与手写并行的方法外，还可以站起来边走动，边摇头摆手地背，这样记得又快又牢。

（2）让假设发挥作用

利用身体各部位记忆的方法也是一种"假设法"。身体各部位随时可以看见，用做帮助记忆的线索，其优越性更胜一筹。

日本的领土像一条大鱼。假若出这么一道题目：从北九州沿铁路线至札幌，请依次在括号里填写下列经过的城市名称，并标在地图上：东京、神户、大阪、仙台、广岛、函馆、名古屋，你该怎样填写呢？复习时，你可这样去记忆：

把日本这条"大鱼"比做一个人，那么：北九州（额头）→广岛（眼睛）：→神户（嘴唇）→大阪（牙齿）→名古屋（脖子）→东京（胸腹）→仙台（肚脐）→函馆（腿）→札幌（脚）。

这样，其中若有一个地名记不起来时，看看自己身上的部位，比如说手、脚等，马上就可引起"回忆的线索"，将地名顺利地引导出来，并填写好。比如"仙台"——肚脐，填在"鱼"的下腹部保证没错。

回顾自己的某一段生活时，只有特殊的经历和事件才难以忘记。这说明，特殊的事物能给大脑以特殊刺激，从而在脑海中留下深刻的印象。

（3）找到事物独特的记忆键

书本中某页书角破损的形状，某一块污渍或霉痕，都能在脑海中产生与众不同的特殊印记。这种特殊的印记——"特殊点"，也能成为良好的记忆线索，帮你记住本页书中有关的知识。青少年在记忆课文的时候，要善于把这些"特殊点"一块儿来记住。

尽量在特殊环境下记忆不同的事物，使每件事物都具有独特的"记忆键"，能够帮助记忆起许多事情来。

人们在丢失某件物品时，总要下意识地回顾最后看到该物品的地方。同样的道理，人们想找回以往的某项记忆，也应回想记忆该事的场所。这种能帮助人们顺利找回遗失事物的记忆，称为"记忆键"。

为了让"记忆键"运用得更加顺利，就要尽量在不同的环境下记忆不同的事情，使每件事都具有独特的记忆键。等要下次回忆时，只要找出先前留下的记忆键，记忆事项便能随着悄然而至。

比如说，在电车上看书，发现非熟记不可的重点，就马上抬起头来，看向车外，将眼睛看见的东西与内容一起记下来。隔天早上，再在车上看到相同的东西，就自然而然地将前天汇编的东西再复诵一遍，形成一个特殊的记忆键。以后万一要用时，只需回忆同时看到的景物，即可顺利地将记住的内容引出。与死记硬背的方法比较，这种方法既省力，又有趣。

（4）以点带面重点记忆

人类要学的知识浩瀚如海，不可能全部记住。只有将重点部分重点记忆，才能以点带面，使知识变得更为踏实。

常有人哀叹："怎么办？我的记性好差，什么都记不住。"其实，这并非坏事。因为没有忘却，就不可能在脑中腾出空间装其他必要的东西。这是促使知识不断更新的必经过程。

在法国，人们初次见面，彼此作过自我介绍后，就会不断在交谈中提到对方的姓名。比如："真高兴认识你，塔克先生"、"你说得很对塔克先生，我们也有同感"、"塔克先生，你还需要什么帮助吗？"等。对法国人来说，记住对方的姓名是礼貌，是交往中不可缺少的一环。所以很希望借助经常提及对方的姓名，来提示自己绝不可忘记。

他们的这种做法其实很值得我们的国人借鉴。

他们的这种行为习惯，基本上是一种选择重要事项加以熟记的头脑过滤作用。学习时，亦可采用这种方法。例如：记忆兰花品种时，主要应记住用以区分不同品种的花瓣特征；记忆第一次世界大战，应就其间种种重要事件的发生年代、顺序、经过、影响等作整体系统化的记忆。

像这种记忆方式，可利用零星时间进行。若能每天重复，坚持下去，定能收到强化记忆的效果。

（5）让短时记忆变成长时记忆

初次见面的人的名字和服装，在电话簿上查到的电话号码等，对这些若是没有特别显著的强烈印象，即使当时记住了，稍微过一段时间又想不起来了。像这样短命的记忆叫做短时记忆。与此短时记忆相对，过了很长时间仍能提取出来的记忆，就叫做长时记忆。

青少年对一些事情非得有长时记忆才行。但是在日常生活中见闻的事，却有很多没有长时记忆的必要，大部分的见闻和经验几乎都是如此。

但是必要的短时记忆可因反复背诵，能够在某种程序上延长它的寿命。把刚刚听到的人名写下来就会留下强烈的印象，刚刚看到的电话号码反复出声背诵，在一定的时间内也忘不了。

我们如果能很好地理解短时记忆的这种性质，集中思想，反复练习，铭刻在心，就可变短时记忆为长时记忆，从而优化我们的记忆。

以上的六个阶段彼此间有着相辅相成的密切关系。当然，如果六项都能活用、训练的话，对记忆力的提高将会起到意想不到的特殊效果。

5 | 开发可增强记忆的有效方法

有的人一生当中读过很多书，但一些重要内容却总是记不住。下面一些人们总结出来的实用小窍门，对提升青少年的记忆力很有帮助，不妨一试。

（1）在书中加注眉批帮助记忆

阅读书籍，如果漫不经心地浏览，随着时间的流逝，记忆将会逐渐模糊，甚至偏差很大。因此，如有明确的目的而读书时，就应配合需要而用功。每本书无论页数多少，重要的精华内容却不多，所以，青少年可以找出书中重要的部分，用书签、书绳做记号。但若重要的部分太多，书签、书绳的使用最好是以不影响翻页的程度为佳。

同时，阅读时，手拿笔，看到有益处、有意思、有疑问的地方，可以先做记号。另外，在空白处写下感想、联想，更能加深理解，记忆亦更鲜明。

（2）平时多查字典

凡是学习成绩特别突出的同学，大都有查字典的习惯。有的同学甚至同时拥有好几本字典，分为在学校用的、在家里用的或携带用的，按场合及需要的不同巧妙灵活地利用形式不同的字典。

比如，在读英文报纸、杂志、书刊时，即使是已经知道的单词，如果单词的意思在文章中似乎不太贴切，他们也会立刻查字典，借此机会，就能发现和掌握向来不懂的意义及用法。

辞典就像一个百宝箱，内容包罗万象，什么样的知识都有，越查越有强化记忆力的效果。因此，当我们遇到不懂的语言、事项，虽然请教他人，立刻就能得到解答，当场马上就可以用。但是，经由耳朵进入脑中的知识，必须由自己事后再确认，否则便将随着时间渐渐淡忘。

（3）利用录音强化记忆

现在的录音条件和手段十分广泛和轻松，随身听、手机、MP4 等都可用来记录声音。但是在学习中真正充分利用录音设备的人却很少。

说到记忆，我们总是把要记忆的事物写在纸上，用眼睛来记忆。但是，用录音来记忆毕竟和光用眼睛来记忆的方式有所不同，所以在记忆作业上有变化，便能造成气氛的转换。

利用录音来记忆的基本方式是这样的：由自己把要记忆的事物录音在卡式录音带上，

不断重复播放，以听觉来记忆。这时，我们便会放弃完全依视觉的记忆方式，而完全用耳朵，以听觉来记忆。

录音机录音的声音，一定要有节奏感，按此节奏记忆，效率也能提高，而且录音带可一再重复插放，故记忆便能渗透到无意识的领域，换句话说，平面的记忆便能提升为立体的记忆。

（4）以备忘录代替记忆

把一星期的日程表、朋友的住址、电话，都记在备忘录上，必要时拿起来看就够了，用不着将这些事全记住。因为记忆时，即使只是短时间的记忆，也必须集中精神，神经常处于紧张状态，所以很容易疲劳。因此，如果能以备忘录记下事情，就尽量写在备忘录上，以便腾出更多的大脑空间做更有用的事。但是如果遇到必须用脑筋记忆的事，则千万不能偷懒，还是要加以记忆。

当你看见一项事物，在记忆之前先判断一下，这些资料应该用怎样的形式来加以记忆，用脑还是记在备忘录上，以便更科学地利用记忆资源。

如果这样养成记忆前先判断的习惯，该记忆的事物少了大半，方能更有效地记忆每件事。

6 几种增强记忆力的健脑按摩方法

通过对各穴位的按摩刺激，能使头脑解除疲劳，有助于促进大脑的思维活动能力。这个方法在集中精力学习之后做一做，效果十分明显。虽然，这是一种间接的方法，但如果掌握了这种方法就等于掌握了增强记忆力的武器。

（1）按摩头部穴位

①从头后部发际处到脖子处的"颈窝"，两侧各有两条粗筋，粗筋的外侧是"天柱穴"。在天柱穴上面有"风池穴"。按压这两个穴位，能使头脑清醒，增强思维能力，而且对医治头痛也有效果。按压的方法是将双手交叉在一起，手掌放在后脑勺部，用大拇指按压穴位。注意：不要用指尖，而是用指肚柔软处，用力按压穴位，同时抬起下腭，

头向后仰，按压5秒钟，马上松劲。这样反复进行5～10次，头脑就会感到清醒。

②用拇指和食指从上到下轻轻地按摩整个耳朵。这样会刺激400多个与大脑和身体的许多功能相连的针灸穴位，能促使大脑增强注意力，并增强短时记忆力和听力。

③用两只手的手指触摸眉毛和发际之间的两个穴位，会促进额头的血液循环，消除记忆障碍和增强长时间记忆力。

（2）五官健脑操

脑是全身的主宰，是支配人体一切生命活动的中枢。脑主管感受刺激和传导兴奋，并通过神经系统，把各个器官以及整个机体的机能活动统一协调起来。

"五官"通常是指眼、耳、鼻、咽喉及口腔。五官不适可能影响到整个头部，从而引起的不同程度的头痛，这样就会导致思想不集中，记忆力下降，从而影响工作和学习。

眼部疾病：慢性眼病有时可引起慢性的前额部头痛，致使视力下降。有人看书时间太长，不注意眼睛的休息，常此下去，会使眼睛过度疲劳而引起头痛。

耳部疾病：中耳炎和乳突炎会引起头一侧颞部疼痛。严重的中耳炎，细菌会顺着血液流进脑子里，引起颞叶或小脑的脓肿，这时颅内压力增高，头痛剧烈。

鼻部和咽喉部疾病：急性鼻窦炎最容易引起头痛。鼻咽癌可引起一侧头痛，上颌窦会引起额部或面部疼痛。

口腔疾病：牙痛和三叉神经痛都可引起面部烧灼样疼痛。

常做五官健脑操，能活跃脑的生理机能，改善脑神经的血液供应，调整大脑皮层的兴奋程度，并能降压提神，解除疲劳，医治头痛等病症，并能增强记忆。

①预备式：站、坐均可。站姿：两脚开立，松静自然，坠肘沉肩。坐姿：端身静坐，两脚平展，手心向下轻放在大腿上。眼似垂帘，内视鼻尖，舌抵上腭，呼吸自然，下颌内收，胸部微俯，腰脊竖立，臀部略后。默想：大脑放松，排除杂念，平心静气，意守丹田，吸气幽幽，呼气绵绵，缓慢，力求自然。

②擦面：两手相摩，搓热，自上而下，摩擦颜面。包括额头、面颊、两太阳穴及鼻翼两侧，动作柔和，速度匀缓，反复按摩至温热为宜。每天至少两遍，各数 10 次。这就是所谓的"浴面"，俗称"干洗脸"。

擦面可以改善血液循环，增强面部皮肤弹性，减少皱纹，滋润面色，延缓衰老，预防感冒，并防治头痛脑胀，迎风流泪，牙痛鼻塞，面瘫淌涎。

③鸣天鼓：双手掩耳，食指压中指背上，稍加施力，借反作用力滑下，以指弹击后脑枕骨部（风池穴附近）可听到"呼呼"的响声，好像击鼓的声音，也叫"弹脑"、"掩耳弹枕"。弹 36 下，然后，两手掌忽开忽闭，连续开闭放响 12 次。最后，用两手指同时插入左右耳孔内，转动 3 次，骤然拔开。这样，可以增强记忆，防治头昏、头痛及耳疾。

④运目：双目微闭，心平气和，眼球分别沿眼眶顺逆时针左右、上下运转，尔后，再忽然大睁，睁目做运转。即先闭目运转，再睁目运转，各十几次，且慢而匀。这就是所谓的"运睛"，俗称"旋眼睛（球）"。经常做可以明目清脑，解除眼睛疲劳，改善视力，防治目疾及头昏、眩晕。

⑤叩齿：凝神静心，屏除杂念，口唇轻合，上下齿相互叩击。先叩后齿，次叩门（前）齿，再错位叩犬齿。这就是所谓的"叩齿"、"啄齿"，俗称"咬牙齿"。每天早晨起床后及临睡前，或不拘时刻，每次叩齿 36 下。

坚持叩齿，可以促进牙齿血液循环，改善营养供应，增强咀嚼功能，并保持口唇及面颊肌肉健美丰润，每日早晚咬牙 10 遍，咬合时须铿然有声，则齿坚不痛，促进消化。

⑥按摩鼻子及颜面：将两手掌并拢，手心向内，指尖向上，贴于脸上，以鼻子为重点，在脸部上下摩擦百下左右。速度要快，使鼻腔和颜面有发热的感觉。

⑦下巴运动：先垂手而立，掌心向前，随两手用力握紧成拳，同时，嘴也使劲向两边侧下咧成"一"字形，做几次以后，嘴再尽量张大做"哇一"状（若环境许可，可以喊出声来），并使手指头骤然分开，如同枫叶一般，接下去，又像开始一样，使嘴咧成"一"字形，两手紧紧握拳。然后又张嘴，伸手，次数不限，有兴趣可做 20 遍。

张嘴时不要不好意思。要像婴儿咧着嘴哭那样，尽量地把嘴张大。同时，头要略向上仰。这样对脑子大有好处，它可以大面积地给脑以刺激，加强整个头部的血液循环，加大对脑的供氧量，从而活跃和增强脑功能。

掌握记忆的一般规律

第五章

记忆是有规律可循的。
遵循记忆的规律，
进而掌握记忆的规律，
就能使人的大脑成为一个超级"存储器"。

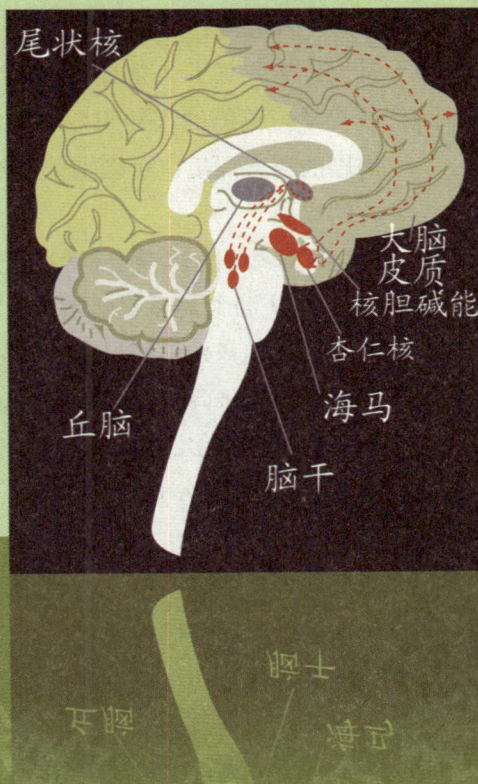

尾状核

大脑皮质

核胆碱能

杏仁核

丘脑

海马

脑干

1 | 记忆是有 规律可循的

青少年学习，需要记忆大量的知识。如果不能科学用脑，不了解下面的记忆的规律，记忆效果将事倍功半，并且使自己逐步失去信心。

（1）兴趣越高记得越牢

在所有提高记忆力方法和规律中，最重要也是最首要的一条是保持兴趣。没有兴趣，就不可能真正记住需要掌握的知识。科学家对人的记忆过程进行了研究，得出了一个结论：记忆是否深刻，与头脑的兴奋程度有直接的关系。这意味着记忆的过程必须非常专心，同时对需要记忆的材料保持一种兴奋的精神状态。如果需要记忆，首先要用适当的办法，让自己的精神兴奋起来。

一个留美青少年在讲述自己学习英语的经验时，也把兴趣放在了首位：

我来到美国时，才知道惨了。在纽约长岛那间小学，没有一个来自中国的学生，没有人可以用中文和我沟通，老师说的话我一句都听不懂，心里面只有惶恐，我只好拼命拉着妈妈的手，不让她走。当然，那可不是办法。这时，爸爸妈妈给我买了全套的我最喜欢的迪斯尼百科全书。学习英文和趣味性相结合，使我学习英语的兴趣和效率同步提升。很快，我每天背 20 个英文单字，加上周围的语言环境，可谓别无选择。只一个学期的功夫，我的听写能力已有了惊人的提高。

不难看出，当青少年需要记忆知识时，一定首先要从培养和提高兴趣开始。

（2）重复越多记忆未必更好

在刚刚开始记忆材料的时候，人的记忆处于高度兴奋状态，随着重复次数的增加而逐步降低，最后产生记忆的抑制过程。照此推断，记忆知识时并不是重复的次数越多越好。一般情况下，一份材料重复 3 至 5 次就可以了，超过 5 次反而会产生精神上的抵触。

应该控制好每一次记忆材料的总量，如果总量过多则容易导致大脑疲劳，使记忆效率下降。正确的做法是，把量控制在这样一个范围，能让自己一次完成记忆过程，记忆完成后，还觉得意犹未尽，有余力再从事其他科目的学习。如果需要背记的材料实在过多，也可以把它切分成几部分，一次解决其中一部分。

如果需要记大量的问答题，可以把每个要点用一到两个字概括，写到一张纸上，对着题目回忆答案，想不起来再看提示。只要能正确回忆起所有要点，就在题目下面打钩，下次就可以跳过去了。这样，记忆的次数越多，需要记忆的内容就越少，学生的自信心就可以在这个过程中逐渐加强。

（3）越有自信越容易记住

记忆之前，要先进行好心理调节，树立起自信心，相信自己一定能掌握这些材料。千万不要在记忆之前先怀疑自己，担心自己背不下来。记忆过程中也要控制好自己的心态，不能急躁，急躁会破坏心理平衡，使大脑出现抑制现象，让自己无法顺利完成记忆。

人的遗忘规律是先快后慢的，每次记忆后，大约70%的内容会迅速遗忘，只有30%才能以缓慢的方式逐渐遗忘。也就是说，每次记忆，实际上只能记住材料的20%～30%。因此，当你在晚上记忆，第二天早上醒来，会觉得大部分都忘掉了，这是符合遗忘规律的，并不是因为自己笨。要想提高记忆效果，就需要每隔一段时间复习一次，重复是学习之母，通过及时复习，能使被遗忘的内容很快得到巩固，使你的记忆更长久，效果更好。

2 | 认识 遗忘的规律

记忆在质与量上发生的最明显的变化就是遗忘。遗忘是记忆的相反方面，是指对于识记过的事物的再认与回忆，或者是错误的再认与回忆。用信息加工论的观点来说，遗忘就是信息提取不出来或发生提取错误。

遗忘可以分为暂时性遗忘与永久性遗忘两类。前者指已转入长时记忆的内容一时不能被提取，但在适宜条件下还可能恢复；后者是记忆的材料未经复习就已消失。

德国著名的心理学家艾宾浩斯，首先发现了记忆遗忘的规律。他根据记忆的保持在时间上的不同，将记忆分为短时记忆和长时记忆两种。而人们平时的记忆过程一般都是这样的：

艾宾浩斯遗忘曲线

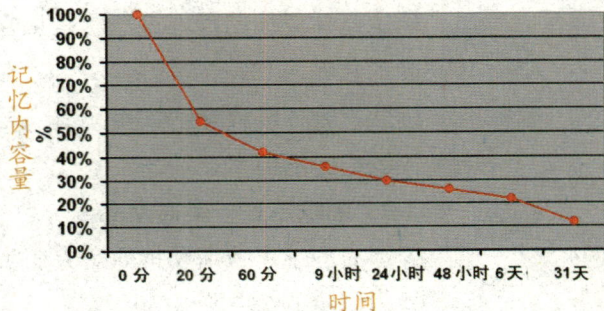

（纵轴：记忆内容量 %；横轴：时间 0分 20分 60分 9小时 24小时 48小时 6天 31天）

输入的信息在经过人的注意过程后，便成为了人的短时的记忆。但是如果不经过及时的复习，这些记过的东西很快就会遗忘，而经过及时的复习，这些短时的记忆就会成为一种长时的记忆，从而在大脑中保持着很长的时间。影响人类记忆的大敌就是遗忘，所谓遗忘，就是我们对于曾经记忆过的东西不能再认起来，也不能回忆起来，或者是错误的再认和错误的回忆。

艾宾浩斯曾经拿自己作为测试对象作过这样一个实验，他选用了一些根本没有意义的音节，也就是那些不能拼出单词来的众多字母的组合，比如 asww，cfhhj，ijikmb，rfvibc 等等。他经过对自己的测试，得到了一些数据，然后，艾宾浩斯又根据这些数据描绘出了一条曲线，这条曲线就是非常有名的揭示遗忘规律的艾宾浩斯遗忘曲线。这条曲线揭示出的遗忘规律是：遗忘在识记之后马上产生，而且是"先快后慢"。因此，要想战胜遗忘，就需要及时复习，只有及时的复习，才能减慢遗忘速度，达到长时记忆的目的。

3 生理因素
影响记忆的效率

科学家研究表明：人的记忆力受生理影响很大。而影响记忆力的生理因素主要有营养、睡眠、年龄、性别等因素。

（1）营养均衡、记忆倍增

身体与心灵是运作一致、相互影响的。如果身体不舒服，人的情绪就会受到负面影响，并会影响记忆；反之，要是人身体健康，体内一切平衡，人就会觉得心情好，同样的问题这时对一个人来说，也只会是一个小小的压力。一般来说，只要对生命保持乐观态度，充满冲劲与活力，记忆容量就会不断地增加。

确定身体健康的最好方法就是从吃的食物判断。因为，食物中含有维持身体功能的营养，只有营养均衡，身体才会正常运转，大脑也才能发挥较好的水平。

因此，要养成科学的饮食习惯，要注意营养均衡，因为营养的摄取直接影响着人的记忆的效率。

（2）睡眠不足、遗忘率高

美国心理学家拉斯勒特的实验证明，每晚减少 1/3 的睡眠时间，连续五天后，智力测验成绩要降低 50% 左右。

　　美国心理学家詹金斯也在研究人的睡眠实验中发现，人们在学习后马上睡眠能促进记忆。一个人经过 1 小时睡眠后，遗忘率为 33%，8 小时不睡后遗忘率 40%；如果长期睡眠不足，其遗忘率就达 59% 以上。

　　①睡眠为记忆提供物质基础。研究表明，大脑在工作的时候需要某种氧化物，而这种物质只有在特定的时间——睡眠时才能大量制造，为觉醒时的思维与记忆做好准备。

　　②睡眠对记忆有巩固作用。睡眠中记忆过程并没有停止，大脑会对刚接收的信息进行归纳、整理、编码、储存。

　　③睡眠中也可以进行记忆。有关实验表明，睡眠中播放英语单词，让受试者听录音，对即将学习的内容，或是巩固已学的内容，都有很明显的记忆效果。但如果长期在睡眠中听录音，则会引起心理变化，产生不愉快的情绪。

　　④睡眠为高效学习和记忆做好了准备。睡眠可以使大脑解除疲劳，重新兴奋起来。

　　⑤失眠对记忆的影响。失眠往往使人产生疲劳无力、警觉性差、情绪不佳等感觉，时间长了会引起神经衰弱，导致记忆力衰退。这是因为失眠破坏了大脑的正常休息，使大脑皮层的部分神经细胞劳累过度，这对记忆力是非常有害的。

　　⑥睡眠过度对记忆的影响。睡眠过度会使全身生理机能慢慢下降，精神也会变得倦怠，还会降低身体的抵抗力，同时，还有可能患上血液病、精神病、大脑疾病，从而使人丧失记忆能力或使记忆力下降。

　　可见，人的大脑并不是一架"永动机"，不可能永不休止地运转。睡眠是大脑的主要休息方式，只有充足的睡眠才能使大脑消除疲劳保持正常工作。因此，应合理安排好自己的睡眠时间。

（3）年龄差异，特点不同

　　科学家研究得出，男性 20 岁～40 岁时脑细胞最重，过了 30 岁就有减轻的趋势，过 20 岁后每天要死亡 10 万个脑细胞，到 80 岁时脑细胞减少 30%，脑的表面积减少 10%。

从幼年到青年这一段时间，脑的发展最快，因而，青中年期应该是一生中记忆力最佳时期。

研究证明：假定 18 岁～35 岁的人，其记忆成绩为 100，那么 35 岁～60 岁的人，其记忆的平均成绩约为 80～85。

记忆从胎儿时期就开始了，胎儿从第三个月就开始有记忆了，胎教音乐就是一个例子。

①婴幼儿时期记忆的特点：婴幼儿时期无意记忆占优势，有意记忆开始逐渐发展。机械记忆为主，意义记忆并用。

实验证明，幼儿对有具体形象意义词语的记忆，比无意义音节效果要好，记熟悉的词比生疏的词效果要好。

②少年儿童时期的记忆特点：少年儿童时期的有意记忆与无意记忆齐头发展，比较起来，无意记忆的发展较慢，而有意记忆的发展较快。

如果具体点划分，童年时期无意记忆占的比例要大于有意记忆；少年时期有意记忆能力则开始超过无意记忆，少年儿童时期是机械记忆的黄金季节。

低年级孩子机械记忆的能力显得强一些，背起来速度快，但不一定都能理解。

③青年时期的记忆特点：随着组织与器官逐渐发育成熟，大脑已达到成人的水平，这时是记忆的黄金时代。识记快，保持久，回忆准确。

④中老年时期的记忆特点：这个年龄段的人有意记忆占主导地位，无意记忆处于从属地位，且多发生在社会交往、日常琐事或无关大局的一般性知识的记忆方面。分析和综合的能力、比较能力、抽象和概括的能力及具体化的能力，较青年时期相比有极大的提高。同时，意义记忆的能力高度发展，而且使用频率很高；与意义记忆相比，这时机械记忆的能力与使用频率要小得多。

（4）记忆特征，男女有别

人的生理和记忆力的发展，都是有一定特征的，都表现出一定的差异性。不但有年龄方面的特征和差异，也有同一年龄阶段个体的特征和差异，更有性别方面的特征和差异。在记忆方面，男性的理解记忆能力较强，而女性则擅长于机械记忆和形象记忆。

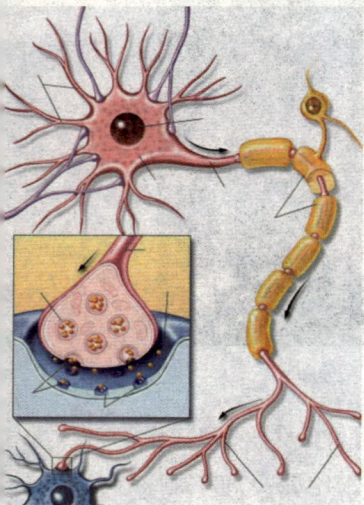

美国心理学家得研究结论表明，女性在语言表达、短时记忆方面优于男性，而男性在空间知觉、分析综合能力，以及实验的观察、推理和历史知识的掌握方面优于女性。

一般，女性擅长于强记，男性则倾向于找出某些规律，而后加以归纳记忆。

女性能记住那些与自己无关的相互没有联系的事，而男性则容易记住那些与自己有关的或相互有联系的事情。

近年来，日本大阪教育大学的神经心理学家八田武志进一步作了调查，他发现在方向和位置的辨识、图形的组合等方面男性优于女性，而在语言表达能力、会话的流畅性、记忆力和处理人际关系等方面，女性要比男性强。

男女智力结构的差异是如何造成的呢？原来，男女在不同时期发育情况是不一样的，在少年儿童时期，女孩子的大脑、骨骼、肌肉、神经等方面比男孩子发育得早，特别是主管说话的左脑发育较快，而男孩子的右脑发育则略早于女孩。

科学家经过各种试验还发现，人的大脑功能存在着性别差异，这也是男女智力结构存在差异的一个重要原因。在很小时候，女孩识别语言的能力就由左脑掌管，变成了左脑优势，到 6 岁～7 岁左脑优势会逐步削弱。男孩较早确立的是右脑优势，左脑优势是较迟才出现的，但是左脑优势一旦形成，就会一直保持下去。这一研究成果揭示，在男性大脑内，与语言功能相关的颞叶脑平面总是左脑明显大于右脑，可见男子的语言中枢是集中在左脑的。而在女性大脑内，这种差异远不如男性那样明显。

男女智力结构的差异，到底是由于感知能力的不同，还是因为社会的培养与期望、大脑功能的差异，或者是由于性激素的作用？目前还缺乏统一的认识。也许是这多种因素作用的结果，但最主要的因素以及它们是怎么协同作用的，神经生理学家和心理学家至今还无法明确回答这些问题。

4 精神因素
影响记忆的高低

在影响记忆力的因素中，生理因素十分重要，但相对而言，精神因素更加重要。影响记忆力的精神因素主要包括压力因素和情绪因素两种类型：

（1）压力过大，记忆不佳

在日常生活中每个人都会有些压力，更何况人除了是一种能"思考的动物"之外，还是一种"感情的动物"。

假设一个人在回家途中突遇有歹徒在持刀抢劫。事发后当民警调查取证时，受到惊吓的报案者常常不能正确描述犯人的长相和特征。也就是说，巨大的压力使得我们仔细记住对方的能力降低了。

少量压力比没有任何压力更能发挥正面作用。考试压力过大固然不好，但是完全不放在心上也一样不是好事，因为如此一来可能会导致成绩不佳。

适度的压力可以促进记忆力。所以，青少年千万不可以被压力打败，要巧妙地避开压力或善用压力，使其成为成功的跳板，这种观念非常重要。

（2）情绪消极，记忆减退

情绪分为积极的情绪和消极的情绪。积极的情绪如热情、勇敢、兴奋、热爱等，对人的各方面都具有正面作用；消极的情绪如胆怯、沉闷、抑郁、焦虑等，具有负面作用。

过度紧张的情绪会抑制人的记忆力，而使人们的实际能力得不到最大限度的临场发挥。

良好的情绪则能使人看到自己的力量，并充满自信，这对记忆是非常有利的。而不良的情绪，在一定情况下能抑制记忆活动，减低记忆效果。

一个人在忧虑的时候，对识记材料绝不会感兴趣，记忆效果就很难保证。

人们要从记忆深处回忆某一事物，常常取决于回忆者的心情是否与这一事物发生时的心情相一致。

心理学家波卫尔作了这样一个实验，他让斯坦福大学的 6 个学生小组参加一次情绪与记忆测验。测验中，要求学生在催眠状态中回想亲身经历过的"愉快欢乐"的情景，这种回想因人而异，有的是在足球赛场上赢球得分的回忆，有的是一次激动人心的海滨驰马……总之，使自己置身于欢乐的情绪之中即可。然后，让学生在欢乐情绪中学习一张列成 16 项互不相关的单词表。完成后，一部分学生继续在欢乐情绪中学习第二张单词表，另一部分学生则用同样的想象法进入忧伤的情绪，在忧伤的情绪中学习新的单词表。最后对所有学生进行回忆第一张单词表的测验。

实验结果表明，如果回忆时学生的情绪与最初学习单词表时的情绪相同，则对单词表的回忆成绩较好。因为记忆是在学生心情欢乐时获得的，如果在欢乐状态中进行回忆，大都比较容易回想起来。但如果在忧伤的心情下回忆，回忆成绩明显较差。

根据这些研究，波卫尔提出了记忆与情绪相关效应的假说。这一假说得到不少研究者的支持。

波卫尔指出：郁闷会影响记忆力，动不动就自我否定或者老是处于懦弱、郁闷的情绪当中，都是注意力或记忆力的大敌。郁闷的情绪会钝化信息的吸收和重现，使脑内的化学现象产生变化，以致注意力的层级降低，减少使注意力集中的能力。因此最好尽量避免郁闷心情的出现，让自己始终保持乐观的心态，这对记忆非常重要。

5 方法因素
影响记忆的优劣

据报道，国外有个癌症患者用 10 个月的时间背下了一本《牛津高级字典》；哈格伍德在与病魔抗争的同时通过学习而成为闻名全美的"记忆先生"。他们为什么能够成功？报道中都提到了"方法"。癌症患者根据先行者的办法来记忆，结果背下了厚厚的字典；哈格伍德先生也是通过学习各种科学的记忆方法来获得惊人的记忆力。

在学习中常出现这样的情况，有些时候会发现自己记历史事件的时候好像很轻松，背英文单词时却比较痛苦，老是记不住。但是可能没有尝试着冷静下来考虑自己正在使用的记忆方法是否得当，也没有对自己的学习方法进行总结，或者心血来潮地尝试用记忆历史事件的方法来背英文单词。

只要善于寻找和借鉴合适的记忆方法，就可以把"记东西"变为一件有趣的事情。

在中学阶段，学生的学习成绩好坏，与能否掌握科学的记忆方法有着密切联系。因此强调，青少年应当特别重视记忆方法，创造性地总结和运用适合自己特点的记忆方法，将会让你在学习上获得事半功倍的效果。

现代社会知识爆炸，更新加速，这就给我们提出了越来越严格、越来越多样化的学习要求。只凭"铁杵磨绣针，功到自然成"的方式进行学习，肯定无法适应当前形式和要求。学习的成败绝不仅仅取决于勤奋、刻苦、耐力，也不单纯跟花费的时间、精力成正比，更主要的是要有学习效率。效率从何而来？答案是：效率来自正确的方法。

科学的方法＋勤奋努力＋坚持＝成功，这个简单的公式，其实你也可以做到。

掌握科学的记忆方法，是提高学习能力的重要环节，因为我们所有的知识都是建立在记忆的基础之上的。柏拉图这样说过："所有的知识不过是记忆。"而西塞罗在谈到记忆力时认为："记忆是一切事物的宝藏和卫士。"一个例子足以有力的证明这点，如果你记不住字母表中26个字母的发音，你就没法学习。

文德森拥有超人的记忆。他能表演许多关于记忆方面的魔术；他能对一副牌只看一眼便记住全部顺序；他可以立刻复述听到的十几位或更多位的无规律数字；他可以表演许多程序相当复杂的魔术，特别是应用数字原理的节目。这类节目形态复杂，只要有一处出错，节目便无法继续。很多人以为文德森的记忆能力来自天赋，然而据他自己解释，情形并非如此。

"我从小即对事物感兴趣，并想记住这些有趣的事物，留给自己回味或讲给别人听。我想到的是，如何清晰持久地记住这些事物，并能毫不费力地回想它。当你这么想而且也这么做时，就可以找到规律或窍门，使记住这些事物变得很容易，这种自我训练成为习惯之后，我可以将这些方法应用于各种场合。快捷有效地记住信息，对我来说，已经是种自然而然的事情了。当然，这得归功于我的不断实践、总结方法，还有灵活运用。"

记忆力不是天生的，而是通过努力才能获得的一种能力，这便是我们所称的"记忆术"。

记忆术需要不断地训练与应用，如果以为从书中学到一些记忆术便不再需要动脑筋的话，这将成为提高记忆力的最大障碍。

6 遵循记忆规律
克服遗忘难题

上述记忆的规律，提出了人们记忆过程中的各种影响因素和现象本质。这对人们有针对性地克服遗忘、健忘，提升记忆力指明了努力方向。具体在克服遗忘难题方面，获取这样几种有效的策略：

（1）培养兴趣，强化识记环节

防止遗忘，一个重要的方法就是培养自己对学习的兴趣，有了强烈的学习兴趣，便能有效预防遗忘。这正如德国伟大诗人歌德所说："哪里没有兴趣，哪里就没有记忆。"兴趣有多强烈，记忆力就会有多强大。

怎样才能使学习过的知识经验牢牢记住而不遗忘呢？

首先是识记，使要记忆的东西一开始就在脑子里打下烙印。一般来讲，具有鲜明特点、对人有重大意义、符合人的需要、引起人的兴趣和富有情绪色彩的事物，会使人产生深刻的印象。深刻理解学习内容，把它同已有的知识经验联系起来，并纳入已有的知识系统，就会识记全面、掌握迅速。其次，坚决同遗忘作斗争。遗忘的基本规律是先快后慢，先多后少。即在被识记后的一小时内遗忘速度最快，遗忘量最大，一小时后遗忘速度减慢，到48小时后，就几乎不再遗忘，记忆量保持在20％左右。根据这一规律，我们在学习时，一定要养成及时复习的良好习惯，趁热打铁，加强练习。随着记忆巩固程度的提高，复习次数逐渐减少，每次复习之间的间隔可逐渐延长。遗忘除受时间因素制约外，也受其他因素影响，一般来讲，最先忘记的是没有重要意义的、引不起我们兴趣的东西，有意义的材料比无意义的材料遗忘得慢，形象化的材料也不易遗忘，而熟练的动作遗忘得最慢。学习程度对遗忘进程也有影响，比如背诵一篇文章，念10遍能记住，如果念15遍的话，记得就更加牢固。

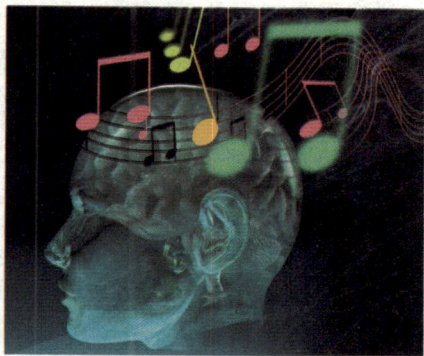

最后，当再认和回忆发生困难时，可通过一些线索进行追忆。比如，当一本书找不到时，可想想什么时候读过这本书，以后做过什么，到过哪些地方，手里曾拿过什么东西，以及有无朋友借过，看过的书平时喜欢放在什么地方等，

经过这些中间环节的联想，便可正确地回忆出书的下落。

（2）劳逸结合，用脑张弛有度

假若你从同学那里借到一本小说，讲好两天后还他，晚上做好作业后，便坐在床上一直看到深夜，最后不住地打哈欠，你还勉强地看下去，可是到了第二天，你却再也回忆不起书上那些具体情节了。这是什么原因呢？很简单，昨天大脑太累了，它不再帮你记忆了。还有，如果你连续几天温习功课，结果什么都记不住，这时你不如干脆放下书本，约同学去打乒乓球，活动一个小时，或擦擦脸，坐下喝口茶，休息一会儿。当你再拿起书本时，脑子会突然显得非常灵巧，记忆力又恢复了。

这说明脑子要有劳有逸，有张有弛，应当学会有效地调节它，那种只会死读书的办法是不足取的。充分的睡眠，课外的体育锻炼，娱乐活动都能使大脑得到休息和调节。切不要因为活动会占用学习时间而舍不得，磨刀不误砍柴工，其实这样做充分提高了大脑的功率，使它高速、高效地运转。这会使你用一小时学习，取得两小时的学习效果。

每个同学都要培养课余爱好，如音乐、绘画、书法等。参加业余体校，进舞蹈训练班，这对于开发学生大脑、协调身心、培养良好的审美情趣，都是有益的。另外学生还可以适当地参加一些智力竞赛、益智游戏，以扩大知识面，提高脑子的灵敏度，增强立体思维的能力。

所以，用脑要有张有弛，这样才能克服遗忘，增强记忆力。

（3）科学饮食，补充记忆能量

科学研究表明，人的记忆能力与其饮食结构或饮食习惯有一定关系，科学的饮食能帮助我们在一定程度上防止记忆力的减退。

人体在正常情况下，血液呈碱性，当用脑过度或体力消耗大时，血液则呈酸性，所以，若长期偏好吃酸性食物，会使血液酸性化，大脑和神经功能就易退化，引起记忆力减退。含磷、氯、硫的食物都属于酸性食物，如大米、面粉、鱼、肉、鸭蛋、花生、白糖等，经常食用会使血液酸化，反之，含有钠、钙、镁的食物则属于碱性食物。海带所含碱性最大，所以可以多吃海带。另外，一些干果类，如腰果、胡

桃及芽菜类等，都含有丰富的蛋白质、脂肪、维生素 A、维生素 E 和矿物质钙、磷、铁等，对人体的记忆力都有相当程度的帮助。

除此之外，人们还应该多吃些水果，特别是含葡萄糖较多的浆果，如葡萄、草莓等。还要保证足够的蛋白质营养，每天摄入足够的蛋白质对促进身体发育和智力发育都有好处。平时，青少年每日需要蛋白质 60 克～80 克，如果处于复习考试期间，则可适当增加一些。蛋白质以动物性食品，如奶、蛋、鱼、肉中的蛋白质为佳。大豆蛋白也是优质蛋白，所以多吃些豆制品很有必要。

有的人讨厌油腻食品，结果往往导致脂肪摄入量偏低，而只有每天适当摄取脂肪才可增强记忆力。脂肪中含有磷脂和胆固醇，磷脂有卵磷脂和脑磷脂，均是大脑记忆功能必需的物质。磷脂是三磷酸腺苷的主要成分，三磷酸腺苷又是大脑细胞能量代谢不可缺少的高能物质。胆固醇也是大脑活动的所需物质，学生尤不可缺，所以，适当吃些脂肪性食物对青少年来说是没有坏处的。当然，高血脂或肥胖的人要注意控制。磷脂主要存在于动物性食品中，如奶类、蛋类、动物肝脏、瘦肉和豆制品中。

另外，还有一些食品和饮料也能增强记忆力，防止记忆减退。

比如，我们常见的紫菜，紫菜含有丰富的维生素和矿物质，特别是维生素 B_{12}、B_1、A、C、E 等。它们所含的蛋白质与大豆差不多，是大米的 6 倍，维生素 A 约为牛奶的 67 倍，核黄素比香菇多 9 倍，维生素 C 为卷心菜的 70 倍，还含有胆碱、胡萝卜素、硫胺素，可起到补肾养心，降低血压，促进人体代谢等多种功效。不仅如此，因为紫菜中含有较丰富的胆碱，常吃紫菜对记忆衰退会有改善作用。

再比如我们喝的绿茶，也能防止记忆减退。研究表明，喝茶可以阻止一种酶的合成，这种酶可以破坏乙酰胆碱，而乙酰胆碱是脑细胞之间传递信息的中间媒介。随着年龄增长而发生的记忆力减退也与乙酰胆碱水平降低有关。正常人脑中的乙酰胆碱会不断被破坏，而茶叶所含的化学物质可以减缓这一过程，从而阻止乙酰胆碱水平降得过低。更为神奇的是，绿茶的效用可以持续一星期，红茶的效用相对低一些，只能持续一天。如果茶在人体中起的作用能和实验

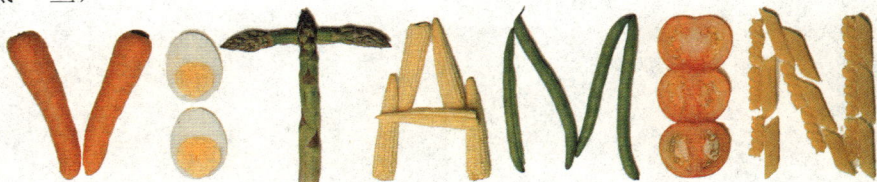

室里差不多，而你的乙酰胆碱水平又低，那么每天喝上 5 杯至 10 杯茶很有好处。当然，作为青少年，不少人可能会对茶叶中的咖啡因比较敏感，喝得太多可能影响睡眠，这是需要提醒青少年加以注意的。

（4）选择性的遗忘，只记有用知识

有不少学生常常抱怨自己忘记的东西太多，以前学过的许多知识、背过的课文、做过的习题，乃至日常生活中所经历的不少人与事，现在都记不起来了。当你觉得自己对过去的经验遗忘较多时，这其实并非绝对坏事。因为在很多时候，有效的记忆往往是建立在有效的遗忘基础之上的，甚至可以说，善于遗忘的人，也就善于记忆。

现实生活中，遗忘现象是再自然不过的事。其实，即使记忆力再强的人，真正要经常做到"过目成诵"也很难，甚至是不可能的。假如人们对所有见过的东西都过目不忘，那不是真正的聪明，倒可以说有点儿可悲了。有的人学习英文，将一本英文词典，从 A 起顺着一页一页地默记下去。有的人为了锻炼记忆力，竟然逐页背诵电话号码簿，或者把整本语文课本全部背下来等。这些都是很愚蠢的办法。将词典里的单词硬压进脑子里，到了应用时也许会茫无头绪，反而造成混乱，这不但加重了大脑的负担，时间长了还会变得神经衰弱。要想"好记性"，没必要记住的东西就彻底忘掉。

古罗马有句谚语："记忆如钱包，拼命装反而漏得不剩一文"，世界上不可能有那些记住一切知识的"通天晓"。因而，第一必须要了解什么东西具有记忆的价值，认真决定下来；第二就是下定决心，无论如何都要记住它们。从某种意义上说，记忆术其实就是"善忘术"，关键是你要选择好记住什么，忘掉什么。

第六章

理解是获取知识不可或缺的条件。
按照先理解、后记忆的要求，
只要找到知识之间的逻辑关系，
这样的理解记忆不仅能使人增长知识，
而且还能使人体会到学习的快乐。

1 | 理解
记忆效果好

有一种观点认为，理解就是把新学的知识纳入已有的知识经验系统之中，在已有的、暂时的神经联系的基础上建立新的神经联系，并且把这种新旧知识之间的联系组成一个新的知识系统。另一种观点认为，理解是个体逐步认识事物的关联直至认识其本质、规律的一种思维活动。

德国著名的心理学家艾宾浩斯作过这样的实验：当记忆的材料中包含12个组合起来毫无意义的字时，需要重复16次才能记住；当记忆的材料中有36个无任何整体意义的字时，需要重复54次；而当材料中包含480个字组成的6首诗时，重复8次就可以记住。

可见机械记忆所花的时间比理解记忆多得多。对于同样的记忆材料，用理解记忆比用机械记忆的效果会更加明显。

例如，某心理学家做过这样一个试验。他让甲、乙两组学生同时背诵一首诗，甲组学生单纯地靠机械记忆，乙组学生采用理解记忆法。他给乙组学生详细地分析全诗的主要内容、基本词义、诗人的构思等。在考查两组学生的背诵情况时，乙组学生平均记住了80%，甲组学生只记住了47%。这两种记忆方法的效果之间的差异是非常明显的，其原因也很容易被人们所接受，倘若要求你记住下面这首诗，你会先记住哪一部分呢？

春望（杜甫）
国破山河在，城春草木深。
感时花溅泪，恨别鸟惊心。
烽火连三月，家书抵万金。
白头搔更短，浑欲不胜簪。

背杜甫这篇诗你花了多长时间？再试试下一部分内容，你又花多长时间？

共台甫马哈那坤奔他哇劳狄希阿由他亚马哈底陆浦改劝辣塔尼布黎隆乌冬帕拉查尼卫马哈洒坦。

这41个字是泰国首都曼谷的全称。

比较一下，是理解记忆的方法好，还是机械记忆的方法好？毫无疑问，理解记忆让人感到记忆的快乐，不仅在记忆中增长知识，还能体会学习的快乐。

而学生获取新知识，懂得更多的道理，是学习的目的。机械记忆只求将内容生硬地记住，不求对内容的深解，无法使人对记忆产生兴趣，这种记忆方式只适用于一些必要的场合，例如考试、比赛、即时需要等。

另外，机械记忆的方式记下来的内容保持的时间不会太长，而且很容易使记忆的内容脱节或者记混。

当然强调理解记忆并不意味着我们不需要机械记忆。实际上，当我们还是幼儿的时候，就大量地使用机械记忆的方法，它帮助我们记忆了众多必备的生活知识。在孩子刚学会说话时，无法理解记忆内容的深层含义，只能靠机械记忆，机械记忆让我们记住了第一批记忆内容，为日后的理解能力打下了基础。

所以，为了能顺利地记住材料并一劳永逸，请理解后再记忆吧！

2 理解记忆
的基本要求

青少年在学习的过程中，要做到理解记忆，需要记住以下几点基本要求。

* 对于自己已经初步理解的知识，也要深入地寻根究底，理解了要再理解。

* 认为自己确实已经深刻理解的问题，要寻找与其他问题的前后关联。

* 对于那些理解得不够透彻的问题，可以记在本上，等到以后碰到类似的问题时，通过比较类似的问题来理解，或找到感觉时，再理解。

* 对于暂时无法理解的问题，要强行把它记住。记住了也就理解了。

记忆的时候一定要从整体上来把握，注意前后联系，切忌孤立、片面地记忆。

不妨自制一些学习卡片，把一门学科或一本书的目录、框架记在卡片上，经常翻阅直到熟记为止。把每天应该记的东西写在卡片上，且一定要注意不同卡片之间的关联，让卡片"生"卡片。卡片式记忆不但可以使自己把没有理解的东西记住，而且时常会提醒自己还有未解决的问题，使你以后再碰到类似的问题时，就会想办法通过其他的知识将其理解。

在记忆的过程中要对自己充满信心，最终都应根据记忆的内容形成一套完全属于自己的知识，举一反三地去解决相关的问题。

3 | 理解
记忆效率高

理解是获得系统、巩固的知识所不可缺少的心理条件。有许多问题从表面上看千头万绪、扑朔迷离，但是，只要掌握了规律，就可以找到问题的关键。

日本著名心理学家多湖辉曾在书中讲过这样一个例子：

> 我记得曾有个考生满不在乎地对我说他忘记了斯陀夫人的《汤姆叔叔的小屋》（Uncle Tom' Cabin）一书是南北战争前还是其后出版的。其实并不是他忘了，而是他根本就没记住。如果他理解了这部小说讲述的是以黑人奴隶问题为主线，并由此引发了南北战争这一事实的话，他就不会忘记。这个考生根本没搞清楚这一点，把南北战争和《汤姆叔叔的小屋》作为孤立的知识，把它们割裂开来进行记忆，结果导致了失败。

如果你能证明毕达哥拉斯定理，那么，即使你忘记了公式也不会对考试有什么影响。真正的理解会有助于记忆，对此，心理学家西拉·丁·巴希特曾以历史系的学生为对象进行过实验。结果证明，通过听课完全理解历史事件意义的学生，要比只注重背诵事件本身而对其意义理解较肤浅的学生记得牢固。这说明理解得越深刻，记忆得就越牢固，越长久。

既然记忆有这种规律特点，那么在学习的时候就要经常有意识地运用理解记忆，在记忆的时候展开积极的思维，这样才能取得良好的效果。如果在可以运用理解记忆的时候不去运用，而偏偏要使用机械记忆进行无意义的重复，那可就不止事倍功半，而是相差10倍、20倍了。

青少年在记忆材料的时候，只要它是有意义的，就应该向自己提出"先理解、后记忆"的要求，把材料分成大小段落和层次，找出它们之间的逻辑联系，而不要从一开始就逐字逐句地记忆。

例如背古文，如果不把古文的意思弄懂，那么就会像背天书一样，非常吃力。如果把古文里的实词、虚词都弄懂了，把全篇的中心意思掌握了，这时再背，就是在理解基础上记忆，背起来就有兴趣得多，也快得多，印象也深刻得多。

我们说理解记忆效率高、效果好，但不是说只要理解了就一定能记住。对于理解的东西，往往也还需要多次重复才能记住。有的同学理解了某个学习内容，就以为学习过程已经结束，没有有意识地要求自己记住它们，不再通过重复加深印象，那么，是不可能把要记忆的内容完全、准确地记住的。

4 怎样进行理解记忆

在前面已经了解了理解记忆的重要性，那么接下来，我们就来谈一谈如何进行理解记忆。

（1）把要记忆的东西和自己已知的东西联系起来

假如让一个同学立刻说出瑞典与南非共和国的国土图形，相信他很难说出来，但是，如果让一个同学说出意大利的国土图形，他可能会觉得十分容易。因为意大利的地图酷似长靴，这一新信息会与他脑海中已经储存的"长靴"的已知信息联系起来，这样便可以轻易记住。

记忆并不是零零星星地存在的，它如同建筑物一样，是从基础开始堆积起来的。以幼年时开始不断学到的"基础信息"为基础，再使新知识与之巧妙地结合，这便是记忆的增加。心理上称之为参照点（anchoring point），实际上我们是在无意识中完成增进记忆这一过程的。

这一参照点对于大脑或人的感觉来说是相当重要的，因为如果我们在视觉方面失去了参照点，那么，我们对事物的认识将是不稳定的。著名的心理学实验——自动运动现象就清楚地证明了这一点。

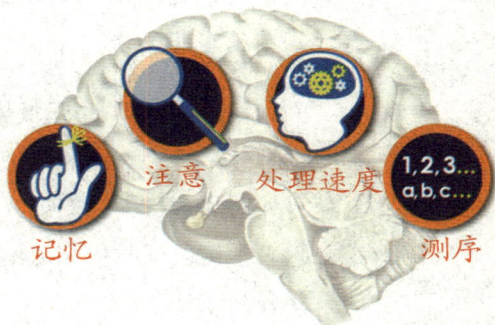

注意　处理速度　1,2,3... a,b,c...

记忆　测序

这种实验非常简单：

> 首先准备一个手电筒，用一张带一个小洞的黑纸将其遮盖起来，然后将手电筒固定，让手电筒的光只从那个小洞透出，等眼睛完全适应了伸手不见五指的漆黑的房间之后，再看那个光点。这时，尽管这个光点是固定的，但你却会感觉它是移动的。这是因为光在黑暗中与其他东西的关系不明确，因此，人的感觉无法确定它的位置。

记忆也同样，应给自己已知的知识寻求参照点，并以此为基础不断增加、固定新知识。

（2）相似的东西要找出不同

在电脑操作中，将类似的信息进行明确的区分是很关键的一个环节，只有这样电脑才能识别所输入的信息。要想使人脑进行大量的记忆，进行这种细致的区分也是非常重要的。

东京新宿地区有一家酒吧叫"杰克之豆"，一般人即使只听到过一次也不会忘记这个店名。这家酒吧的店名与童话故事"杰克与豆"仅一字之差。人们之所以能不费力气地记住这个酒吧的名字，一定是联想了这个童话故事。"杰克之豆"和"杰克与豆"虽然只有一字之差，但是这不同的一个字却可形成鲜明的对比，把两者清楚地分开，使人们轻易地记住它们。

在日本历史上，有两位姓名非常相似的人，这就是黑田清辉和黑田清隆。他们都是明治时代的人。前者是西洋画坛的先驱，后者是明治时代的元勋。如果只是一般性地记忆，很容易把这两个人记混，而如果把焦点对准"辉"和"隆"字的差异进行记忆，则很容易区分。

（3）综合记忆，增强效果

有时候，某一方面的知识会加深对自己正试图记住的事物的了解，比如，在学习外语的过程中，阅读一篇文章可以增长自己的词汇知识，将词汇和阅读结合起来学可以同时提高对两者的掌握程度，而且这比把它们分开来单独学的效果要好。

在看一本关于维多利亚时代的英国历史小说时，可能会对维多利亚时代本身产生兴趣而想多了解一些这方面的知识。那么，可以在看小说的同时去读一些介绍维多利亚时代的历史书籍，这样，从读书中获得的乐趣和收获将是无法估量的。在看小说时受到的启发会加深对历史书籍内容的兴趣和理解。请记住，对事物越感兴趣，学起来就越容易，而对事物了解得越多，兴趣就会越浓。

复习
记忆法

第七章

青少年对于遗忘很是苦恼，
有人总是异想天开：
要是学过的知识永远不忘该有多好！
要与遗忘作斗争，
就需要掌握复习记忆法将其作为记忆良方。

1 复习是克服遗忘的良方

为什么有人有惊人的记忆力？顾炎武说："每年用三个月温习，余月用以知新。"茅以升则说："重复，重复，再重复。"记忆的巩固，依赖于刺激量的增加。反复的朗读练习，都属于刺激量的增加。要在学习新知识的过程中，不断复习旧知识，并借助于旧知识的巩固，去掌握新知识，使大脑皮层常常处于兴奋状态。

青少年在复习的问题上有一个通病，就是只重视"阶段复习"和"总复习"，不善于平时"及时复习"，仅把复习看做应付考试的手段。阶段复习和总复习的内容跨度大、容量多、时间紧，学生往往会为此弄得头昏脑涨。

人脑的特点，决定了必须及时复习。因为学生学习时要记住一些必要的知识，这就要同遗忘作斗争。"艾宾浩斯遗忘曲线"告诉我们，遗忘是一条"先快后慢"的曲线。我国心理学工作者进行记忆试验证明，在学习一些材料后3～6天遗忘速度最快，一周后遗忘速度就缓慢了。我们何不在急速遗忘的关键时刻，巩固知识，认真地复习呢。

再从人们认识客观事物的规律来说，人的认识有一个反复循环、逐步深化、由浅入深、由低到高、呈螺旋式上升的过程，对事物本质的认识，不可能一下子完成。所以要反复接触学习材料，进行比较、对照、归类，领会精神，融会贯通，抓住文章中心、内在联系以及事物之间的规律性。

2 艾宾浩斯学习记忆法

一个学习成绩优秀的人，除了学习刻苦外，卓越有效的学习方法也起着决定性的作用。我们知道学习成效与记忆力的关系最为密切，不同的人的记忆能力有差异，但除了极少数智力存在缺陷的人外，差异是不大的，只要掌握好的记忆方法，就一定能取得好的效果。

1885年，德国心理学家艾宾浩斯对此进行了深入研究，并将其结果绘制成了一条保持曲线或遗忘曲线（又称艾宾浩斯曲线）。实验结果是，在学习完材料刚刚能记住的1小时后，受试者对他所学的材料仅仅保持40%左右的记忆，之后第一天保持33％，到第六天逐渐下降到25％。

也就是说保持曲线最初是急剧下降的，过了一段时间之后下降减慢，曲线趋于水平。他认为：尽管每个人的保持曲线不尽一致，但总的趋势却是相同的。

根据艾宾浩斯曲线得知，遗忘具有先快后慢的规律，复习必须及时。为了能清晰说明遗忘规律，请看下面的实验。

> 选智力基本相同的两组被试者，学习同一段文章，A组在初学后不久作了一次复习，而B组则学习后一直没有复习，两组在第一天检查时，A组遗忘2％，B组遗忘44％。一周后测查，A组遗忘17％，B组遗忘67％，可见A组比B组的保持量大。

不仅如此，有关实验还表明，在复习时间和其他条件大致相同的情况下，采用分阶段复习比集中在一起复习效果好。

集中复习是在学完全部内容后集中复习五小时，分阶段复习是在整个学期中分四次复习，第一次半小时；第二次一小时；第三次一个半小时；第四次两个小时，每次除复习本单元的内容外，还复习前几个单元的内容（第一次除外）。

综上所述，只有合理地进行信息的整理，才能达到记忆强化，以便把传入的信息变成牢固的记忆。具体方法是：在学习某门知识的过程中，采取学习——复习——再复习的方法，即学习某一内容后，花少量时间进行一次复习，接着学习下一部分的内容，结束后再进行一次复习（包括前面学习的内容），如此下去，直到学完全部内容为止。

例如，一本分为九篇的课外辅导书，若将每篇作为一个单元，其步骤是：

* 初学和复习第一篇
* 初学和复习第二篇
* 复习第一篇、第二篇（小循环）
* 初学和复习第三篇
* 初学和复习第四篇
* 复习第三篇及第四篇
* 复习第一、第二、第三、四篇（中循环）
* 按上述同样方法处理第五篇至第九篇
* 复习全部内容（大循环）

　　这样，每项内容均有四次强化记忆的机会，并且这四次强化是学习过程中不同时间进行的，满足了及时巩固、不断巩固的要求，因而有利于记忆。

　　例如，用艾宾浩斯学习法记忆单词，首先，将若干单词分成单元，无论是使用词汇表、生词本，还是采用单词卡都应根据单词的特点分类，力求将相似的单词放在一起，每小组的单词数不一定相等，一般选6～8个为宜；其次，根据所分的组数按照上述方法进行循环记忆。记忆单词时，单元数应适当地增多，一般选8～16组为好，这样可以增加单词的见面次数以及每次记忆的单词数，提高记忆效率。另外，随着发音水平、词汇量和使用该方法的熟练程度的提高，可逐步增加各组的单词容量。

　　艾宾浩斯学习记忆法表面看来似乎很烦琐，需要很多时间。其实不然，因为每次复习的时间不需要太多，只要能够根据所学的内容，结合自己的具体情况，合理地组织内容、安排时间，便能事半功倍。艾宾浩斯学习法对边工作边学习、记忆能力稍差的学生尤为实用。

　　采用艾宾浩斯学习法应注意以下几方面：

艾宾浩斯

　　* 单元划分并不是一成不变的，应根据所学内容的难易程度，本人的接受能力、记忆能力以及时间来确定。对于那些较难的章节，应适当地少划分一点，对于那些较容易的内容，可适当地多划分一点，一般来说，所分单元数 N 应为偶数，最好能是 N=2R（其中 R=1、2、3……）

　　* 对材料的熟记程度决定记忆保持的程度。值得注意的是，当学习内容达到某种熟练程度之后，再增加复习次数，对记忆已无大的益处了。因此，在学习某项内容达到一定程度之后，就应该学习后面的内容，甚至在某项内容难于理解时，也可以暂时放下来，先学习后面的内容，因为往往后面内容的学习有助于前面内容的理解和记忆。

　　* 适当安排学习与复习的时间。初次学习新内容无疑是最多的，中间的复习不需太多时间，能够达到回忆的程度即可，最后的总复习时间要稍安排多一点，以便对全部内容进行一次总的回顾，而且应该将其重要内容重点复习、巩固。

3 复习记忆法的基本要求

有人认为，复习是一遍接一遍地读，一次又一次地记，"只要功夫深，铁杵磨成针"。不错，这就是复习。但这还不是科学的复习，因为这种单调的重复会使人感到枯燥无味，昏昏欲睡，收获不大。科学的复习能用较少的时间收到较好的记忆效果。就是说，能大大提高记忆效率。有的同学，上完课后，把书本一扔，不再去碰它，测验或考试时，才"抱佛脚"、"开夜车"，这样做，不经济、不合算，应采用科学的复习方法，提高记忆效率。

那么，怎样才能做到复习科学化呢？有以下几点需要注意。

（1）要及时

复习应该做到："将忘未忘，不早不迟。"艾宾浩斯遗忘曲线告诉我们：遗忘的规律是先快后慢，先多后少。即识记的材料起初遗忘很快且多，特别是识记后48小时之内遗忘率最高。以后再识记该材料时，遗忘就慢而少了。所以复习记忆必须及时。乌申斯基说："与其借助复习去恢复遗忘，不如借助复习去防止遗忘。"

（2）合理安排复习的间隔时间

有一位同学，外语学得非常好，单词记得十分牢。为什么呢？因为他对自己已作了"实验"，摸索出了自己的记忆遗忘规律。实验很简单：先背两个单词，过了两三个小时，还能背出来。再过两三个小时，好像记得不确切了。于是，他知道自己实际记忆的两个单词，可以保持五六个小时不忘记。过五六个小时又拿出来看一看，背一背。这次可以保持八九个小时，于是再拿出来看一看，背一背……如此反复地进行，在没有将单词遗忘之前复习巩固。因此，他的记忆效果很好。

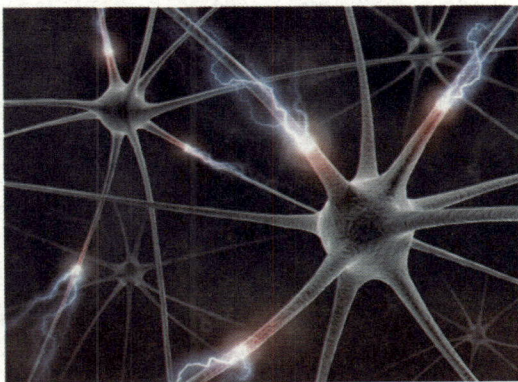

（3）反复读与尝试背诵相结合

经验告诉我们：一篇课文，一遍又一遍地熟读，不如读几遍就试着背，找出记不上的地方再读。这样做，有利于将精力和时间集中到回忆不起来的部分，变平淡的记忆为积极的活动，这样，有利于提高效率。

（4）要分散

有的同学，记忆心切，众多材料集中时间一次复习到底，这是不科学的记忆方法。然而有的同学却不是这样，而是复习了一段时间，休息5～10分钟后再接着复习，把记忆材料分散开来。比如，复习30分钟后，休息8分钟，这是比较科学的。

研究者们作过不少实验，证明了分散复习的记忆效果比较好。如一个人每天练习钢琴30分钟，另一个人每星期日练习2小时，结果前者比后者效果要好得多。

大量实践证明，集中复习容易使大脑疲劳，分散复习可以相当程度地消除疲劳，保持大脑神经兴奋，使记忆效果大大增强。

（5）变换复习材料的形式

生理、心理实验证明：任何单调的刺激反复作用于人脑都会引起脑神经的疲劳。因此，复习材料的形式要经常变换，使同一材料以不同的形式刺激大脑，使大脑始终保持兴奋，有效地记住材料。比如，采取选择、填空、问答、判断、图表、比较等形式复习同一材料。这样，既变单调为趣味，又从不同的角度去理解，加深了自己的印象，记忆效果当然好得多。

（6）不同材料穿插安排

一种材料复习一段时间后再复习另一种材料，会有效地消除疲劳，使自己始终感到新鲜，因此，复习材料的更换相当于休息，这是实践中证明了的事实。

科学的复习方法，除了注意以上几个方面外，还要注意要有计划地复习和先理解后复习。有计划地复习，包括时间安排和内容分配。就是说，复习要有个日程表，照章办事；内容要适量，过多或过少都不好。至于先理解后复习，记忆效果就不言而喻了。

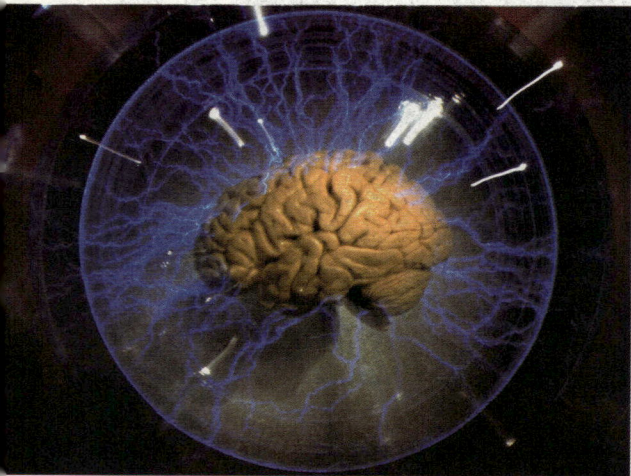

4 科学的 三步复习法

复习过程包括三个步骤：一是把书本知识经过归纳整理搬到纸上，形成知识网络；二是把纸上经过归纳整理的知识网络搬到大脑的记忆里，并利用已经掌握的知识去回答问题，经过演练，提高对知识的实际应用能力；三是进行实战演习，通过模拟考试，查漏补缺。简单地说，就是要做到弄懂、记牢、会用。

具体来讲，应该按下列三步安排复习，我们把它称之为三步复习法。

（1）归纳整理，使知识网络化

复习不是简单的机械重复，而是通过归纳整理使知识网络化，并且是对知识的认识、理解不断细化、深化的过程。

不论哪一科知识，都是学时一大片，用时一条线。在总复习时，除了对知识进行网络化归纳外，还有必要从不同角度对某些知识进行归纳。特别是一些有某种联系而又分散于各处的知识，若用归纳法进行整理，对增强学习效果是大有帮助的。

爱因斯坦说："在所阅读的书本中找出可以把自己引到深处的东西，把其他一切使头脑负担过重和会将自己诱离要点的东西统统抛掉。"这是他一生宝贵学习经验的高度概括和总结，它和《相对论》一样具有普遍的指导意义。

（2）牢记基础知识，狠抓基本功训练，通过系统演练，提高运用知识的能力，掌握解题技巧

我们在总复习时，首先把包括基本概念、基本理论、基本方法的知识网络从课本中提炼出来，写在纸上，然后再尽快地把这种知识网络通过记忆转化为内储知识。

现在的标准化考试的特点之一是题量多，覆盖面大，特别注重能力的考查。同时，标准化考试中的大量客观题不论要求思维敏捷到何种程度，反应快到何种

速度，其知识点却都是基础知识和基本功。

考试在考查知识的基础上还注重考查能力，这就要求学生必须对所学课程内容融会贯通，并有较强的驾驭知识的能力。因此，复习时必须把重点放在系统地掌握课程内容的内在联系上。通过系统演练，可以使自己已经掌握的知识逐步达到应用自如的程度，这样，就可以逐渐摸索和掌握解题技巧，提高解题能力和速度。

平时所做的习题，主要是针对单元知识进行训练和检验的。总复习所进行的演练，不能再停留在这种水平上，应该是在能顺利地解答各单元习题的基础上，多做一些综合知识应用练习，即进行系统知识综合技能训练。

（3）进行实战演习，查漏补缺

我们要想考出好成绩，就有必要了解考卷的题型、结构，这就像指挥员要了解战场的地形地貌一样，做到心中有数，防止急中出错。

具体做法是：把近一两年升学考试的考卷或其模拟考试的考卷拿过来按照时间要求，就像正规考试一样认认真真地解答，然后自己批卷。批卷的目的不光是看自己能得多少分，更主要是看哪道题不会答，哪道题的答案和解题步骤不对，哪道题在解题技巧上还存在问题，哪道题本来会答但因马虎了事而扣分。这样作一些实战演习，可以起到查漏补缺的作用。

5 | 复习记忆的训练

限时限量回忆训练是要求在一定时间内规定自己回忆一定量材料的内容。例如一分钟内回答出一个政治问题，五分钟内回答出一本教材的要点等。这种训练分三个步骤：

第一步，整理好材料内容，尽量归结为几点，使回忆时有序可循。整理后计算出回忆大致所需的时间。

第二步，按规定时间以默诵或朗诵的方式回忆。

第三步，用更短的时间，以只在大脑中思维的方式回忆。

在训练时要注意两点：

一是开始时不宜把时间扣得太紧，但也不可太松。太紧则多次不能按时完成回忆任务，就会产生畏难的情绪，失去信心；太松则达不到训练的目的。训练的同时还必须迫使自己的注意力集中，若注意力分散了将会直接影响反应速度，要不断暗示自己集中注意力。

二是训练中出现不能在额定时间内完成任务的情况时，不要紧张，更不要在烦恼的情况下赌气反复练下去，那样会越练越糟。应适当地休息一会儿，想一些美好的事，使自己心情好了再练。此外，对反应速度训练意义的理解，会对训练本身产生良好的影响。从时间计算上来看，假使我们回忆的速度可以提高30%，那么，就能腾出更多的时间来进行创造，相对而言，可以说是延长了我们的生命。回忆的速度提高了，学习效率就相应提高，取得优异成绩的可能性将更大。了解了这一意义，我们的训练就有强烈的动力了。

为了加速训练过程，在每次训练时，将它与自己的长远目标联系起来，每次的训练都离最终目标靠近一步。这样就会产生兴趣，使训练越来越容易。还可以进行"自我奖励"，即给自己发奖。比如，暗示自己："快些回忆完这个内容，就可以吃一个苹果。"到完成任务休息时，就真正享用奖品。这能使自己感到胜利的愉快，保持最佳心情去解决问题。实际上，也是要求自己给每次训练订出目标：最近目标——完成任务，取得奖赏；较长目标——争取考试成绩提高；最终目标——不断向事业成功进取。

提高反应速度的训练还可以利用各种时间空隙，在车上、路上、开会前，都可作个限时限量回忆训练，既可增强记忆，又可锻炼在不利的情况下集中注意力。

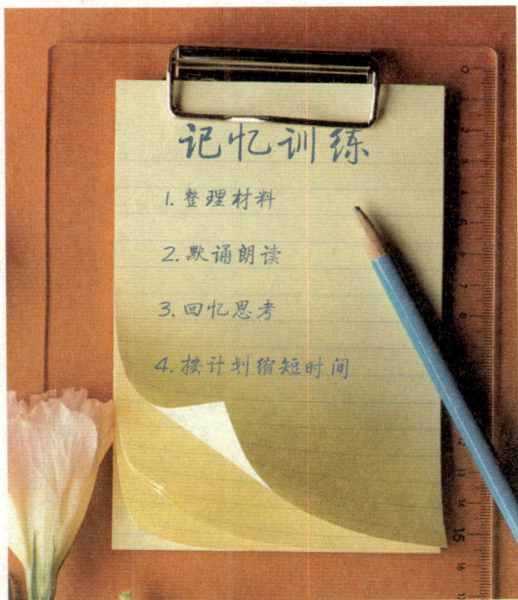

记忆训练
1. 整理材料
2. 默诵朗读
3. 回忆思考
4. 按计划缩短时间

第八章

在学过很多零散的知识后，
如何快速地将其"铭刻"在脑海中？
将很多看似毫无联系的知识归在一起记忆的归纳记忆
是解决这一问题的首要选择。

1 归纳
记忆好处多

　　将储存的零散、杂乱无章的知识进行排列、归类、总结和推理并纳入头脑中已有的知识结构和记忆网络中的方法叫做归纳记忆法。这种方法可以达到"异中求同"，使很多看起来毫无联系的知识可以归在一起记忆。

　　美国斯坦福大学专门对单词记忆，作了一项实验。老师让学生在课堂上记住 112 个单词，其中有动物、服装、运输和职业几类的单词。首先，老师把 112 个单词进行杂乱无章的排列让学生记，结果没几个学生能把单词全记住。然后，老师把这些单词按动物、服装等种类进行分类，有规律地排列让学生记，学生很快记住了这 112 个单词。如：交通工具类 bus, car, taxi, bike, boat, ship, plane, tractor, truck, carriage, trolley bus, train 等。文具类：pencil, ruler, pen, paper, book, exercise book, ink, ballpointpen, writingbush, dictionary 等。

　　从上面的例子得知，记忆材料必须系统化、条理化，记忆才能准确、高效。有人形象地把记忆比做图书室的片卡柜子，各种知识、信息都分门别类地储存到它应放的地方，需要时，只要拉开某一个抽屉，就能获得所需的材料。同时，记忆材料要及时总结，找出规律性的东西，达到举一反三、触类旁通的效果。许多老师的教学实践也充分证明了这一点。

　　　　例如：中国古代史就可按政治、经济、民族、对外、文化五
　　　个大方向来串线。政治方面又可按朝代（或政权）的变迁、中央
　　　集权制度的发展、改革措施的变化、军事战争的情况等项目来串
　　　线；经济方面又可按政策措施、农业、手工业和商业等来串线；
　　　文化方面可按天文历法、数学、医学、建筑、文学、艺术等来串
　　　线；民族关系方面，可按地域或民族、国家来串线。

　　归纳记忆法的好处是便于分辨，并且有系统，重点资料易掌握。准备考试时用此方法可以帮青少年节省许多时间。

2 | 怎样培养归纳能力

在培养青少年归纳能力的过程中应注意掌握以下原则和方法。

（1）整体把握、分类归纳

归纳是从个别现象的研究入手，依据研究目的，对个别对象进行分类整合。如中国古代中央集权制、中国历史上的土地问题和中国古代的民族关系问题等。将相同时间、相同空间、同一性质或同一事件有关联的一系列史实排列在一起，才能找出反映本质特点的结论。所以分类归纳识记对象就成了归纳推理的基础。

（2）全面考察

归纳推理包括完全归纳推理（考察一类中的全部个体对象）和不完全归纳推理（只考察一类中的部分个体对象）两种。完全归纳推理的结论一般比较严谨可靠。由于学生的历史知识有限，实际上学习中大多是运用不完全归纳推理。在这种情况下，为保证历史结论的准确性和可靠性，一定要注意做到尽可能全面考察历史。关于这一点，我们在学习的时候不仅要注意到能够证明历史结论的正面事实，更要注意到那些表面看似无关甚至貌似相反的史实例证。只有这样，所作出的历史结论才更全面、更可靠、更深刻。

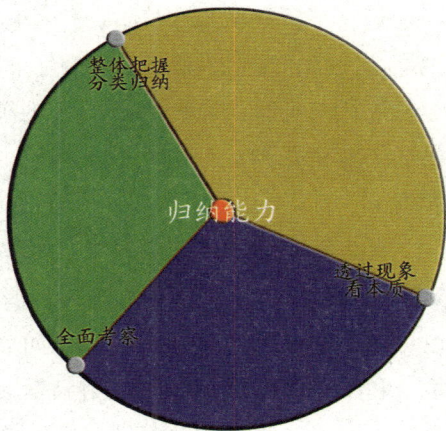

（3）透过现象看本质

一个事实有本质和非本质的若干特征，归纳的目的是删减非本质的内容，找出反映事实共有的本质特征。例如分析法国二月革命、俄国1905年革命、俄国二月革命和中国新民主主义革命这些民主革命的共同性，每次革命都可以从原因、领导者、时代背景、斗争对象、影响大小等方面研究。运用归纳推理，上述四次革命共同的、能反映本质特点的结论则是：革命以封建统治者或是封建残余势力为斗争对象。因此，只有不断地探索事物本质才能发展记忆的思维能力，才能掌握记忆的规律和方法。

3 | 归纳
记忆法的应用

在论及归类记忆法在学习中的重要作用之前，先要简单地说明一下，在日常生活中，我们要记忆的一些物体，也会经常使用这种方法。如要你快速记住下列物品：猫、录音机、挂钟、衣柜、眼镜、戒指、金鱼、皮鞋、沙发、花瓶、帽子、写字台，你会怎么办呢？也许你会顺着次序背下来，显然这是笨办法，其实要把它牢牢记住最好采用归类法，其方法如下：猫、金鱼——动物；帽子、皮鞋、戒指、眼镜——穿戴物；录音机、挂钟、衣柜、沙发、花瓶、写字台——室内用品。

归类不只是按一个标准，也可按记忆对象的机能、构造、性质、材料进行，也可按大小、颜色、质量、场所、时代特点等进行。

进行归类时，要分为几个组，各组有多少个物体必须要适度，如果分组太多，记忆仍非常费劲，分组太少，组内个数就会增加，而各个组的个数也不能相差太大。

青少年在初学语文的时候，可以把同义、近义的词列在一起，比如：安顿、安放、安排、安置；宁静、平静、清静，然后再仔细体味其"同"中之"异"。也可以把反义词组合在一起，比如美与丑、优与劣、真与假、进步与落后、战争与和平等。把这个原则应用到学习英文单词上，不仅能把相关的词都记下，而且还能引起联想，从已经熟悉的单词中，带出不太熟悉的单词来。

东汉大医学家张仲景在《金匮要略》的第一篇中对疾病进行了分类，他以经络和脏腑为分类的纲，再按三阳和三阴即所谓六经的表里，把五脏六腑的疾病分为36种，列出系统的分类表。这样一来，不仅说明了可能发生的疾病种类，而更重要的是由此揭示出了病变的部位关系，很好地掌握了各种病变之间的逻辑联系。

我们的思维是以概念来把握事物的，所以对事物的分类是对概念的分类，分类能够揭示事物之间的内在联系，并记住它。

有意
记忆法

第九章

注意力高度集中是记忆的基本条件之一,
有意记忆要求有很强的意志力或毅力,
这样才能对于任务明确的知识进行系统地掌握。

1 | 任务越明确，记忆效果越好

有明确的目的或任务，凭借意志努力记忆某种材料的方法，叫做有意记忆法。相反，没有明确的目的或任务，也不需要意志努力的记忆方法，称为无意记忆法。心理学研究表明，有意记忆法的效果明显优于无意记忆法。为了系统地掌握科学知识，必须进行有意记忆。

宋朝有个读书人叫陈正之，他看书看得特别快，抓住一本书，就一个劲儿地赶着往下读，一目十行，囫囵吞枣。他读了一本又一本，花费了很多时间和精力，可是效果很差：读过的书像过眼烟云，很快就忘记了，几乎没有留下一点印象。这使他十分苦恼，怀疑自己是不是记忆力不好。

后来，有一天，他遇到了当时的著名学者朱熹，就向朱熹请教。朱熹询问了他的读书过程以后，给了一番忠告：以后读书不要只图快，哪怕每次只读50字，重复读上多遍，也比这样一味往前赶效果好。读的时候要用脑子想、用心记。陈正之这才明白，他读过的书之所以记不住，不是因为他的记性不好，而是学习的目的不明确，方法不对，他把读书多当成了读书的目的，忽视了对书籍内容的理解和记忆。这样匆忙草率地读书，既消化不了书中的内容，又不能有意识地进行记忆，记忆效果当然不会好。后来，接受了朱熹劝告的陈正之，每读完一段内容，就想想这段书讲了些什么，有几个要点，并且留心把重要的内容记住。经过日积月累，他终于成了一个有学识的人。

心理学家作过这样一个实验：他们请一位老师给两个班的同学布置了默写课文的作业，都说第二天测验，第二天果真测验了，结果两个班成绩差不多。测验后，只告诉一班同学两星期后还要测验一次，二班同学不知道。两个星期后又进行测验，一班同学的成绩比二班同学要好得多（一班同学在测验前也没有复习）。这说明，并不是一班同学比二班同学更聪明，记忆更好，而是由于老师在第一次测验后，对一班提出更长久的记忆目标，结果一班同学就记得长久些。

　　这些实验和故事告诉我们，在学习中要养成一种习惯，严格要求自己，给自己提出明确的记忆目标，这样才能有好的记忆效果。

　　记忆目标明确，才能调动心理活动的积极因素，全力以赴地实现记忆的任务。记忆目标越明确、越具体，记忆效果就越好。例如，英语单词不好记，但又必须记住，因此，你可以把生词写在小卡片上，规定自己每天必须记住 20 个生词，并及时进行复习与检查。这样，日积月累，你的词汇量就会大增。

　　有意记忆要有意志努力地参与，也就是我们常说的"专心致志"。要下决心记住一段材料，就要进入"两耳不闻窗外事"、"头悬梁，锥刺股"的境界。如果面对着要记的东西，连连叫苦不迭，或漫不经心，或知难而退，又怎能取得好效果？

　　这种增进记忆的方法，既需要毅力，又需要一定的技巧，看起来虽然有些难度，但这种方法却是我们在记忆的过程中所不可或缺的。

2 ┐合理
分配注意力

　　19 世纪俄国教育家乌申斯基说过："注意是一个唯一的门户，只有经过这门户，外在世界的印象才能在心里引起感觉来。如果不把我们的注意集中在它身上，那么，虽然它也可以影响我们的机体，但我们是不会意识到这种影响的。"

　　所谓"唯一的门户"，就是说舍掉这条道路，就没有感知记忆的途径了！因此，善于集中注意力的人，便等于打开了智慧的大门，让知识源源不断地输送进来；反之，就是拒各种信息于大门之外。

　　专心致志，注意力高度集中，是记忆的基本条件之一。我们常常对一些事物"视而不见，听而不闻"，甚至"熟视无睹"，就是感知时不注意或注意力不够造成的。

　　希腊文学家艾斯·强森也说过："真正的记忆术就是注意术。"我们可以从这一论点当中了解到许多道理。

　　我们生活在一个丰富多彩、纷繁复杂的世界上，感官的各种刺激纷至沓来，使我们目不暇接、各音盈耳。这些刺激分散了我们的注意力，妨碍了大脑皮层优势兴奋中心的形成和稳定，从而影响了我们对某一特定事物清楚而深入的认识。

　　德国著名哲学家瓦格纳说："一个人不能同时骑两匹马，骑上这匹，就要丢掉那匹。聪明人会把一切分散精力的要求置之度外，只专心致志地去学一门，把它学好。"善于控制自己的注意力，使它能根据我们的需要而有一定的指向性、集中性和稳定性，对提高我们的记忆力有很大的帮助。

　　良好的注意力首先表现在注意力的范围上，即注意力在同一时间内能清楚地抓住的对象的数量，也就是在同一时间里能注意到多少问题的出现。比如说看电影时，我们的注意力常常被很多事物和人所吸引，并且不断地从一个事物转向另一个事物，很难确定注意力的范围。

　　在心理学上，有专门的器具来测定注意范围的大小。测定的结果表明，成人一般能同时注意到 4～6 个彼此独立的事物。如果事物不是彼此孤立，而是具有一定的关联性时，注意力的范围还会扩大。因此，扩大注意范围的最好方法，一是培养人们以整体的观念来把握孤立事物的能力，二是合理分配自己的注意力。

　　青少年在上课时，一边听讲一边记笔记，这就是一种注意力的分配方式。注意力的分配和集中既矛盾又统一，要注意力集中，一心就不可二用，但要分配注意力，一心必须二用（甚至三用、四用）。但二者在一定的条件下又是可以统一的。保持统一的条件，就是必须掌握一定的技巧。此外，人们的注意力是否善于从当时不需要的事物或活动转移到当时需要的事物或活动上，反映了注意力转移的优劣。例如，一个人正在阅读一本妙趣横生的小说，这时需要他去解决另一个十分重要的问题，他便马上抛开看得兴趣正浓的小说，去思考新的问题，这就是注意力主动性的表现；反之，如果他被小说吸引，难以抛开，则表明其注意力缺乏主动性。

　　有无主动性是衡量注意力的一个重要指标，这直接关系到记忆水准的高低。注意力水准较高的人，注意的范围大，稳定的时间长，他的记忆就会特别好，智商相应也较高。要增强记忆力，有许多方法。但采用这些方法之前有个绝对必要的条件，那就是要把注意力集中到自己所要记忆的对象上来。

　　有这么一道益智抢答题：在公车始发站上来 3 个乘客；在下一站上来 2 人，下去 1 人；再下一站上来 5 人，下去 3 人；再下一站……许多人都以为会问最后剩下几个乘客，便一边听一边计算人数。可是到最后问题竟是"公车一共停了几站？"由于被测者只注意乘客数，而没有数公车站数，虽然注意听了，却没把注意力放在应该记忆的事物上，结果白费力气。

对事物没有意识地去记，或观察不认真细致，都是记不住的。怎样才能使注意力集中到要记忆的对象上呢？那就是要对记忆的对象感兴趣。例如，新来的老师要想很快记住所有学生的名字，是根本不可能的。可是对那些"显眼"的学生，如学习特别好的学生、课堂上爱发言的学生和最不遵守纪律的学生等，老师会很快记住他们的名字。相反，对那些不"显眼"的学生、缺乏个性的学生，老师就很难在短时期内记住他们的名字。

要克服注意力的分散，使其高度集中的最根本的办法是自觉地磨炼意志，养成自我控制的能力。

英国哲学家培根曾经指出，医治注意力不集中的缺陷，可以采用演算数学的办法。因为演算时必须全神贯注，做起习题来，对来自环境和自我的干扰，就都不在意了。

中国古代思想家荀子在《劝学篇》中说："目不能两视而明，耳不能两听而聪。"强调的正是注意力集中。如果我们想获得好的记忆，请牢记这条古训吧！

3 | 聚精会神地听课

一名高中二年级的女生因无法集中注意力，而导致上课不能专心听讲、学习成绩下降。她在写给心理辅导老师的咨询信中说：

"我原来在普通高中上学，高一第二学期转到重点高中。在读普高时，我的学习成绩总是排在前几名，谁知到了重点高中就差得远啦，根本跟不上。后来拼命学，到高二时排列班级20多名。高二分班，我被分到B段班。我对这也没怎么在乎，学习好坏不在于这些。可这一段时间是我最烦的时候，我也不知道什么原因，上课听老师讲课时总是走神，听着听着就忘了他在讲些什么内容；课下我也不想学习，即使坐在那里也是做别的事情。我曾试着找出之所以这样的原因，但是怎么也不知道问题出在哪里。"

你是否也有过类似于这位女同学的苦恼，越是想学习的时候，越是无法集中注意力，头脑被一些莫名其妙的怪念头占据着，无法摆脱。有时候，脑子里又一片空白，上课老"愣神儿"，不知道老师都讲了些什么。长此以往，必然影响学习效率和考试成绩。

造成这种情况的原因比较复杂，许多较严重的心理障碍都可以引起注意力障碍。而对于学生来说，主要是由于学习负担重，心理压力过大而造成高度的紧张和焦虑，从而导致注意力无法集中。另外，睡眠不足，大脑得不到充分休息，也会导致注意力涣散。

因此，当学生因注意力无法集中而影响学习，倍感苦恼时，不妨采用以下方法来矫正：

（1）养成良好的睡眠习惯

有的人因学习负担重，被迫熬夜，有的人甚至在宿舍打手电筒读书到深夜；有的人为了放松而与人夜谈闲聊等。结果早晨不能按时起床，即便勉强起来，头脑也是昏沉沉的，一整天都打不起精神，甚至在课堂上伏桌睡觉。

我们主要的学习任务要在白天完成，白天无精打采，效率必然低下。所以，如果你是"夜猫子"，奉劝你准时入睡并按时起床，养足精神，提高白天的学习效率。

（2）学会自我减压

学生的学习任务本来就很重，老师和家长的期望又给学生的心理加上一个沉重的包袱；如果对考试成绩看得很重，无异于自己给自己加压，必然不堪重负，以致身心疲惫、紧张和烦躁，心理上难得片刻宁静。因此，青少年要学会自我减压，别把成绩好坏看得太重。一分耕耘，一分收获，只要平时努力了、付出了，必然会有好的回报，又何必让忧虑占据心头，自寻烦恼呢？

（3）经常放松

舒适地坐在椅子上或躺在床上，然后向身体的各部位传递休息的信息。先从左脚开始，使脚部肌肉绷紧，然后松弛，同时暗示它休息，随后命令脚脖子、小腿、膝盖、大腿，一直到躯干部休息。之后，再从脚到躯干，然后从左右手放松到躯干。这时，再从躯干开始到颈部、头部、脸部全部放松。这种放松训练的技巧，需要再三练习才能较好地掌握，而一旦掌握了这种技术，会使自己在短短的几分钟内，进入轻松而平静的状态。

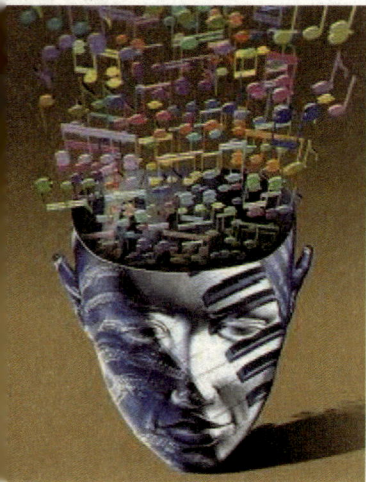

4 有意
记忆法的训练

训练1

在桌上摆三四件小物品，如瓶子、纸盒、钢笔、书等，对每件物品进行追踪思考各两分钟，即在两分钟内思考某件物品的一系列有关内容。例如思考瓶子时，想到各种各样的瓶子，想到各种瓶子的用途，想到瓶子的制造，造玻璃的矿石来源等。这时，控制自己不想别的物品。两分钟后，立即把注意力转移到第二件物品上。开始时，较难做到两分钟后的迅速转移，但如果每天练习10多分钟，两周后情况就大有好转了。

训练2

请你在下面编排的100个数字中按顺序找出15个数字来，如2～16、51～75等，根据你找到这些连续数字所需要的时间，可以测试出你在集中注意力时的记忆程度究竟如何。

12	33	40	97	94	57	22	19	49	60
27	98	79	8	70	13	61	6	80	99
5	41	95	14	76	81	59	48	93	28
20	96	34	62	50	3	68	16	78	69
86	7	42	11	82	85	38	87	24	47
63	32	77	51	71	21	52	49	37	69
35	58	18	43	26	75	30	67	46	88
17	64	53	1	72	15	54	10	37	23
83	73	84	90	44	89	66	91	74	92
25	36	55	65	31	0	45	29	56	2

记分：

A. 机械记忆力的测试。12个全部正确，优异；8～11个，良好；4～7个，一般；4个以下，差。

B. 集中注意力的记忆程度测试。30～40秒，优等；41～90秒，一般；2～3分钟，注意力不集中。

训练 3

假设你在读一本书、看一本杂志或一张报纸，你对它并不感兴趣，突然发现自己想到了大约10年前在墨西哥看的一场斗牛。你是怎样想到那里去的呢？看一下那本书你或许会发现你所读的最后一句写的是遇难船发出了失事信号，集中分析一下思路，你可能会回忆出下面的过程：

遇难船使你想起了英法大战中的船只，有的人得救了，其他的人沉没了。你想到了死去的四位著名牧师，他们把自己的救生带留给了水手。有一枚邮票纪念他们，由此你想到了其他的一些复制邮票和硬币、5分镍币上的野牛，野牛又使你想到了公牛以及墨西哥的斗牛。

这只是成千个例子中的一个。既然几乎每个人都不时地会白日做梦，那么这种集中注意力的练习实际上随时随地都可以做。

对于经常在噪声或其他干扰环境中学习的人，要特别注意稳定情绪，不必一遇到不顺心的干扰就大动肝火。情绪不像动作，一旦激发起来不易平静。结果对注意力的危害比出现的干扰现象更大。要暗示自己保持平静，这就是最好的集中注意力的训练。

训练 4

拿出一张白纸，在上面写完1～300这一系列数字，时间为7分钟。测验前先练习一下，感到书写流利，很有把握后再开始，注意掌握时间。你会出现越接近结束速度会越慢，但稍放慢就会写不完。

一般写199个数字之前每个数不到一秒钟，可之后的三位数字书写每个通常会超过一秒钟。另外换行书写也需花时间，所以我们要求在420秒钟内准确写完300个数字。

测验要求：

1. 所写的字，不能过分潦草。

2. 写错了不许改，也不许做标记，接着写下去。

3. 到规定时间，如写不完必须停笔。

检测评定：

总的差错在7个以上为较差；错4～7个为一般；错2～3个为较好；只

错一个为优秀。第一次差错出现在 100 以前为注意力较差；出现在 101～180 间为注意力一般；出现在 181～240 是注意力较好的；超过 240 出差错或完全对，表明注意力优秀。如果差错在 100 以前就出现了，但总的差错只有一两次，这种注意力仍是属于较好的。要是到 180 以后才出错，但错得很多，说明这个人易于集中注意力，但很难维持下去。在规定时间内写不完则说明反应速度慢。

记录下测验结果，以便与以后的测验作比较。

训练 5

请用 1 分钟认真阅读下面一段文字，然后回答文后的问题。注意：阅读前和阅读的过程中，不要看文后的题目；回答问题时，请不要再看上面的文字。

9 月 10 日下午 3 点钟，在一个十字路口附近，一辆载有 4 个餐桌、3 对沙发和 42 张课桌的白色金杯车，和一辆载有 42 箱汽水、35 箱啤酒的灰色金杯车撞在了一起。部分课桌散落了一地，另一辆车上的汽水、啤酒分别有 15 箱和 20 箱受损，啤酒和汽水的混合物流满了路面。还好，只有白色金杯车的司机受了点轻伤。

请回答下列问题：

1. 两辆金杯车是什么颜色的？
2. 有多少啤酒和汽水破损？
3. 车上的餐桌多，还是成对的沙发多？
4. 车上的课桌多，还是啤酒多？（啤酒按箱计算数量）
5. 车祸的出事地点在哪？
6. 车祸发生在什么时间？

通常来讲，一般人应答对 4 个以上，如果答对数少于 4，说明有必要锻炼注意力。

大脑处理信息的过程也是记忆的过程，
具有直观性的形象信息就很容易被大脑接受。
所以，形象记忆能使人掌握记忆的奥秘。

1 ▌ 直观的
形象极易于记忆

对一切需要记忆的事物，特别是那些抽象难记的事物形象化，用直观形象的方法去记忆，我们称之为形象记忆法。近年来这种方法越来越引起人们的重视，尤其在外国研究和使用形象记忆法的人很多。形象法不仅可以帮助记忆，还可以提高自信心，增强注意力、改善性格、强健身体，提高人的综合能力。

我们都知道，人脑是一部典型的电子计算机，记忆是大脑的一部分功能，记忆过程是大脑对信息的接受、储存和提取的过程。可见，信息在记忆中起着必不可少的作用。

人脑接受的信息一般分为两种，即形象信息和语言文字信息。众所周知，形象事物的形象信息转化为表象就能被记住。非形象事物的信息要经过加工编码变成语言文字的表象后才能被记住，幸好形象信息比较具体直观、鲜明，容易形成表象。但语言文字信息比较笼统，不太容易形成表象。因此，人们的大脑比较容易接受形象信息，而对语言文字信息的接受相对困难些。

根据生理学方面的研究发现，大脑不同部位对不同信息的接受能力不同。一般习惯使用左手者，右半球擅长记录语言文字信息，左半球擅长记录形象信息。而右手使用较频繁的人正相反，左半球擅长记录语言文字信息，右半球擅长记录形象信息。

人们在利用语言作为思维的材料和物质外壳不断地促进意义记忆和抽象思维的发展，促进了左脑功能的迅速发展，而右脑的形象记忆和形象思维功能渐渐遭到不应有的冷落。经过漫长的岁月之后，左脑已成为公认的"优势半球"。

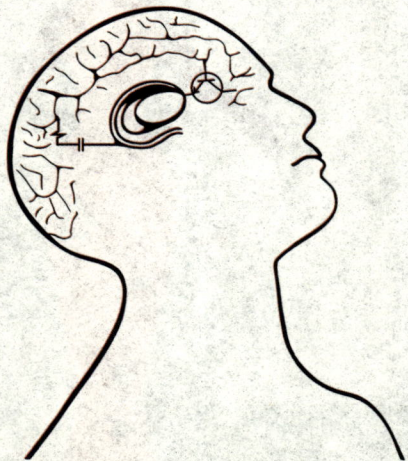

2 形象记忆的方式

形象记忆有很多种方式，熟知每种记忆方式将更助于我们记忆的提高。下面仅讲 4 种形象记忆方式，聪明的你肯定会从中获取记忆的奥秘。

（1）形象描述

意思是用形象化的事物来描述抽象的事物，使人加深印象而易于记忆。

（2）形象比喻

意思是用自己已经熟悉的事物来比喻要记忆的事物，使之生动直观，兴趣盎然而易于记忆。

（3）形象模型

意思是用图形、标本、模型等工具使要记忆的事物具体化而易于记忆。

一位中学地理教师曾经总结了一整套运用形象模型的教学方法，并亲手制作了许多地理模型，从此来帮且学生记忆。

以下是那位地理老师总结的几种方法。

①物体形象法：甘肃像金鱼眼、青海像熊猫、湖南像人头，湖北像大盖帽戴在人头上。

亚洲像挣断锁链的拳头、罗马尼亚像紧握的拳头，贝宁像火炬，意大利像皮鞋底。

②图形形象法：我国山西省像平行四边形。在世界地图中，欧洲像平行四边形，亚洲像不规则的菱形，非洲像三角形和半圆形，澳洲像五边形，南美和北美洲都像直角三角形，格陵兰像小三角形。

③数字形象法：多哥像"1"，越南像"3"，朝鲜像"5"，索马里像"7"，日本九州像"9"。

④字母形象法：黑海像"F"，波罗的海像"K"，特立尼达岛像"J"。

⑤汉字形象法：白海像"七"，苏拉威西岛像"斤"。

⑥综合形象法：利用物体形象法和图形形象法，如中国由一个瓦片形，一个扇形和一个长方形组合而成。山东省由一个五边形加一个

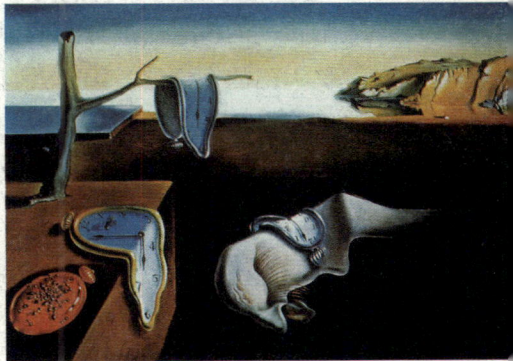

梯形组成。

这种形象模型记忆法使枯燥的地图形象化，既生动活泼，又提高了学生的学习兴趣和记忆效果。

（4）巧用模特

我们可以人为地把某些难记的事物巧妙地利用模特来加以记忆。比如，有些学生记不住石蕊试纸颜色的变化，我们不妨把石蕊试纸看做一个苹果。想象它在尚未成熟时是酸的，呈青色（以青色代表蓝色），而成熟后就是红色。这不是很好记了吗？

模特能把复杂、烦琐、难记的事物简单化，帮助我们记忆。在日常生活学习中，青少年一定要善于发现、巧妙利用它们来帮助记忆，这样一定能取得事半功倍的效果。

3 形象鲜明易于记忆

俗话说"百闻不如一见"，意思是说，听到的不如看到的印象深刻。它还包含着这样一个道理，即直观形象的事物给人的印象较为深刻。为什么形象的事物容易记忆呢？因为人们认识客观事物依靠感知器官，而感知正是从直观形象开始的。实物形象的记忆是最原始、最初级的记忆，而对抽象概念、系统知识的记忆则需要有一定的知识结构做基础，所以，要想记住就需要形象化。如能在头脑中清楚地描绘某一件事、单词、物、人，那就比较容易记忆。这种形象越鲜明，学过的东西就记得越牢。

记忆是大脑的功能，记忆过程是大脑对信息的接受、储存和提取的过程。人脑接受的信息一般分为两种，即形象信息和语言文字信息。形象信息是打开记忆大门的金钥匙，因为人自降生就能接受形象信息，而对语言文字信息的接受则是在后天随着年龄的增长、知识阅历的增多而逐渐学会的。众所周知，形象事物的形象信息转化为表象就能被记住，非形象事物的信息要经过加工编码变成语言文字的表象后才能被记住，而且，形象信息比较具体直观、鲜明，容易形成表象。而语言文字信息比较笼统，不太容易形成表象。因此，人们的大脑比较容易接受形象信息。

形象记忆通常以表象形式存在，所以又称"表象记忆"。它是直接对客观事物的形状、大小、体积、颜色、声音、气味、滋味、软硬、温冷等具体形象和外貌的记忆。形象记忆按照主导分析器的不同，可分为视觉的、听觉的、触觉的、味觉的和嗅觉的等。人的形象记忆发展的水平受社会实践活动制约，如音乐家擅长听觉形象记忆，画家擅长视觉形象记忆。而大多数人的形象记忆均属混合型。

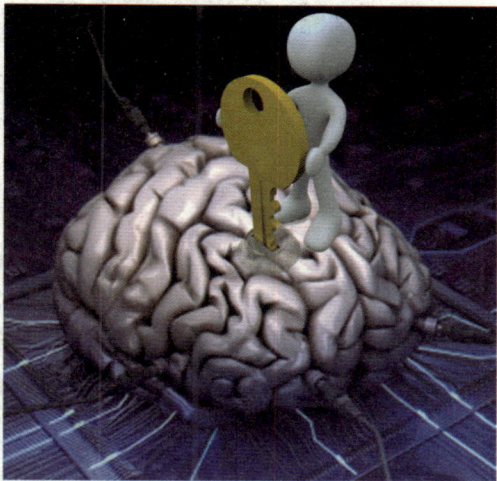

在学习过程中，进行形象记忆的方法有以下三种。

一是运用语言描述。对抽象的材料可用形象化的语言来阐述，也就是所谓的深入浅出，这样记忆起来就会快得多，也会在头脑中留下深刻的印象。

二是通过形象比喻。用自己熟悉的事物来比喻所要识记的材料，这样会在头脑中留下一个完整具体的形象，不易忘掉。

三是运用模型。例如，学习时可借助于模型、图像、照片、录像、电影、电视、幻灯片，通过对它们的观察来获得对事物的感性认识。

形象记忆是以感知过的事物在人脑中再现的具体形象为内容的记忆，它保存事物的感性特征，具有显著的直观性和鲜明性。人的记忆都是从形象记忆开始的，儿童出生 6 个月左右就会表现出形象记忆，如认知母亲和辨识熟人的面貌，就是形象记忆的表现。所以，形象记忆是由感知到思维必不可少的中间环节。

数学材料的抽象性给青少年带来了记忆的困难，运用视觉形象记忆就可帮助减轻这种困难，达到理想的学习、记忆效果。例如，中学数学课本上有大量的图形、图式，其中的许多图像是定义、定理、性质等的直观体现，对于这些图形必须高度重视，充分运用，凡与图像有关的知识，一定要结合图像记忆，把记忆巩固在图形上是最可靠的。而函数定义的记忆就可以和图形结合起来。

在学习某些地理知识时，可将一些文字的叙述，转变为形象的图形来加强记忆。如在学习新疆"三山加两盆"的地形地势时，就可以把它简绘成一幅示意图来进行形象记忆，这比记忆文字要深刻得多。

形象记忆能给人们留下深刻的印象，也为人们的思考提供了便利，更有助于加深理解和消化，是促进记忆的好方法，每个青少年都可以尝试一下形象记忆法，它比单纯地依靠死记硬背要好得多。

41 形象记忆的关键点

在形象记忆法中，最常用的是采用地点作为形象记忆的基础。古罗马的一些演说家可谓是运用这类形象记忆法的高手。他们用这种方法来记忆其演说词的不同部分。例如演说家常常会选择一个他们熟悉的建筑物或地点作为会场，又在其中确定某些特定地点，在每一个特定地点，安放上与其演说词各部分相联系的物品。比如，首先要讲的是战争问题，就在想象中把长矛的形象"附着"在第一个地点上，这一地点可能是一家屠宰场。如果他接着讲战争中的粮食供应问题，就在想象中把一袋粮食的形象"附着"在第二个地点，这一地点可能是个粮店，然后继续以此记忆方法把演说词的每一部分都安排妥当。当需要回想整篇演说词时，他们只需从一个地点走到下一个地点，按照自然顺序在内心里追忆他自己的思想脉络即可。演说家把演讲词的第一部分附着于第一地点，把第二部分附着于第二地点，并依此类推。

每位演说家都有自己的地点顺序，并一贯遵循这一顺序。尤其是当演说家在阐述互不相关的若干主题时，更是离不开这种记忆方法，因为人的思想有分析性，只有在两个主题之间表现出逻辑联系时，才能从一个主题转换到另一个主题。地点记忆法则完全符合人为顺序的需要，因为它能够摆脱逻辑思维的框框，因此特别受到演说家们的青睐。

在以"地点"为基础的形象记忆法中，起关键作用的是这个体系中的地点，它对于要记忆事物的形象和联想，起着"附着点"的作用。这个体系的原则与正常记忆活动的规律相反，人们大可不必为记忆事物的顺序会错乱而担忧。

采取这一记忆法时，人们一般都会从自己最熟悉的地方开始，而这个地方就是自己的家。训练时，在自己家中走一圈，沿着一定的顺序，从前门走到后院，并给每个地点编号，这是很容易办到的。例如，起居室可分为地毯、沙发、壁炉、电视机、音响设备等。

为了不搞混多个地点的记忆顺序，需要将每次附着于每个地点上的物品的形象记牢。这样，人们便巩固了形象联想记忆，并能按照已确定的顺序启动回忆。

形象记忆法的关键是必须服从附着物的排列顺序，不能随意变动地点和附着物，否则，就扰乱了地点记忆法本身的活动。这时，最好是设计某些稀奇古怪的联想，而且欣然接受，将第一附着物置于第一地点，将第二附着物置于第二地点，依此类推。然后，再用 15 秒钟的时间对附着物置于其地点加以想象，以巩固它们之间的形象联想。

由于某种原因，人们不愿意利用自己的家作为实施地点记忆体系的场所，那么，可用其他场所代替。例如，另外的建筑物、大街或主要街道、贸易中心，甚至汽车、衣服上的口袋或手提包，以及自己熟悉的其他场所或物品。事实上，可供利用的场所和物品不胜枚举。

一般来说，开展以地点为基础的形象联想，首先要做的就是确定一连串熟悉的地点。这是最重要的一步，不可草率从事。要花时间划定一个由地点构成的固定的界线分明的网络，以用于形象记忆体系。在开始阶段，20 个地点就足够了。

5 | 形象 记忆的训练

训练（1）

竖着写一张旅游必备物品的表格，并与已选定的地点表格并排在一起。将第一个地点与第一个附着记忆物作形象联想，依此类推。最后，看着地点表格，回忆附着在各地点上的物品。

旅游必备物品的列表如下页图：

护照	其他证件
旅游支票	轮船票
通讯录	留声机
洗漱用品	吹风机
剃须刀	雨伞
游泳衣	药品
针线用品	防晒霜
洗衣用品	太阳眼镜
旅游鞋	风雨衣
太阳帽	家里的钥匙

训练（2）

下面的3个表格是由不同词汇组成的，如表10-1。这些词汇是按照心理学家使用的列表方式排列的。不过，这些表格只为形式练习使用，毫无实际价值。要逐渐研究这些词汇，从第一个词汇开始，并用地点记忆法记住10个词汇，然后再加上5个，设法记住表格1的20个词汇、接着用同样方式学习表格2，至于表格3，开始时先记15个词汇，然后再加上最后的5个。

表10-1

序号	表格1	表格2	表格3
1	木柴	狗	猪
2	火鸡	火柴	沙子
3	大象	餐盘	汤匙
4	餐巾	书	杂志
5	岩石	花	草

序号	表格1	表格2	表格3
6	稻草	后桅驶风杆	蜜蜂
7	麻雀	岩穴	松树
8	火	雾	玉米
9	货币	房间	雨
10	厄运	羽毛	黑麦面包
11	脚	手	抓伤
12	牙医	医生	外科医生
13	水	风	拿
14	心理原素	两倍	狡猾的人
15	铁饼	背	醋渍小黄瓜
16	洗澡	修女	护士
17	葡萄酒	威士忌	马
18	十字架	星	法律
19	三角形	正方形	圆圈
20	愤怒	害怕	爱

看了这些五花八门的词汇表，只要没有不适之感，便可用于形象记忆法的集体练习。请大家逐个读词汇，并跟着作附着地点的形象联想记忆。然后，按既定顺序沿着地点路线走一遍，附着在各地点上的词汇会逐个浮现在脑海里，如同玩魔术一般。这种练习对提高记忆力更为显著。

训练（3）

现在，详细叙述怎样用地点记忆法记住烹调木瓜仔鸡的菜谱。

①在第一地点信箱上附着如下形象，几只退毛开膛的仔鸡，全身涂了一层加咖喱的人造黄油，放在一只盘里待烤。

②在第二地点前门上，移植如下想象：把仔鸡放入烤箱中层，烤箱门上的温度计显示红色阿拉伯数字4。

③在第三地点内院中，寄托的形象是：在一只碗里放着搅拌好的水果、洋葱、

辣椒、柠檬等调味品，当定为 30 分钟的计时器铃响时，把碗里的酸辣调料浇在烤黄的仔鸡上。

④在第四地点玻璃房门上，嫁接如下想象：一个金黄色的木瓜被切成小方块，堆放在仔鸡周围。在定为 10 分钟的计时器铃响时，烤熟的木瓜散发出蒸气。

⑤在第五地点走廊里，附着的形象是：碾碎的大米已经蒸熟，将用为烤仔鸡的配餐。

将烤仔鸡的全过程在脑子里重过一遍电影，可使人们准确地掌握时间。烤仔鸡共需一小时，分 3 个阶段。这只是一个运用形象记忆法的小例子。人们还可以把烤仔鸡程序划分成更多的阶段，用更多的地点附着记忆。上述划分方法的好处，是在一个形象联想中，同时想象几种调料混合在一起比较容易。这样，人们能够获得十分确切的形象，忠实地反映调料的构成成分及其混合后的浓度、颜色和口味。这种形象想象法还能塑造极其逼真的形象，可用于记忆大部分菜谱。如果你从朋友那里得到一份新菜谱，便可用地点记忆形象联想法进行记忆。

联想
记忆法 ▌第十一章

任何事物都不是孤立的，
由一件事物联想到另一件事物，
找到它们之间的共性，
大脑里的信息也就"运动"起来。
联想记忆法可以使人拥有神奇的记忆力。

1 联想记忆法的神奇力量

联想是由两个或几个刺激物同时或连续地发生作用而产生的暂时神经联系。简单地说，联想就是头脑中由一事物想到另一事物的心理活动。

> 听到一首老歌则往事如烟，一幕幕浮现于眼前；由咖啡想到苦涩，想到失意、悲伤、失恋；由糖想到了甜蜜，进而想到幸福、爱情。再如，工作或学习的过程中我们往往会不自觉地走神，看到了风铃，想起了那是在某某商店买给自己的礼物，那个女售货员很热情，可惜的是这么可爱的女孩子脸上竟长满了雀斑，很明显的……对，雀斑是挺像麻雀蛋上的斑点，小时候爬房逮麻雀，麻雀没逮着，倒把腿给摔坏了……哎呀，想起腿还忘了贴风湿膏了，这关节炎看起来像小病，但还真熬人，都是前天踢球出了一身汗后用电风扇吹的……

这些都是我们无意识地运用了联想，你看，由风铃依次想起售货员——雀斑——麻雀——腿——风湿膏——风扇——踢球……这一连串的事物接踵而来，这就是联想。

如果能抓住联想的规律，学会联想记忆的方法，不但有助于我们记忆，而且还有助于我们迅速回忆起所记的事物。美国心理学家威廉·詹姆士说："一件在脑子里的事实，与其他多种事物发生联想，就很容易记住。所联想的其他事物，犹如一个个钓钩一般，能把记忆着的事物钩钓出来。"以下就是联想的具体表现形式。

利用事物在时间和空间上的接近关系，由一事物想到另一事物，例如见到海，想起鲸；见到花，想到浇水；背诵诗歌，想到典故。

利用事物在现象和本质方面的类似关系，由一事物想到另一事物，由松树想起英雄，从铁杵成针、水滴石穿想到持之以恒，终获成功。

利用事物的对立统一关系，从一事物想到另一事物，由天想到地，上想到下，黑暗想到光明。

利用事物的因果关系，从一事物想到另一事物，由拿到大学入学通知书，想起电影里常见的手拿毕业文凭，头戴"方帽子"的情景，这顶"方帽子"下面是一张笑眯眯的熟悉的脸——自己的脸。

心理学家罗伯特·依·布伦南说："如果没有基本法则的知识，就得处理一串串冗长的信息，我们的记忆必定负担繁重。最完美的记忆方法是把现象按因果关系联系起来，因为哲学的任务是研究这种关系，所以我们可以主要通过培养哲理头脑来弥补记忆力的不足。"

联想能克服两个概念在意义上的差距，把它们联结起来。联想的生理和心理机制是暂时的神经联系，也就是神经元模型之间的暂时联系。联想是与生俱来的天赋，不过作为一种创造能力，它还有待于我们在后天加以发展，这无疑有赖于经验和知识的积累。

俄国心理学家哥洛万·斯塔林茨所作的实验表明，任何两个概念，都可以经过四五个阶段建立起联想。比如"木质"和"皮球"，可以通过中间环节联系起来，木质是起点，皮球是过程的终点，是事先给予规定的。木质——树林，树林——田野，田野——足球场，足球场——皮球。又如："天空"和"茶"。天空——土地，土地——水，水——喝，喝——茶。

美国心理学家哈利·罗莱因说："记忆的最基本规律，就是对新的信息同已知的事物进行联想。"联想在我们学习中是经常要使用的方法，任何人只要经过学习都可以运用这个方法。

2 | 联想记忆法的原理

联想是确保记忆速成的根本保证，联想是迈入记忆高手殿堂的入场券。那些记忆大师们所进行的令人惊叹的超级记忆表演，没有一个不是应用联想的。

记忆必须以联想为基础，而联想则是迅速提取已存信息的快捷键。研究发现，记忆的关键不在于如何输入，而在于检索，即如何在需要的时候准确地提取出来，能做到这一点，记忆效果就好。考试时，大家也一定都有

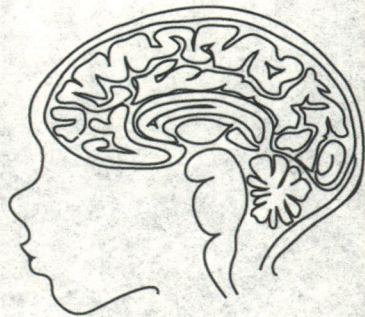

过这样的体验：这道题我其实是会答的，就在嘴边的，可怎么也想不起来，有谁哪怕能提醒我一句，我就能全都答出来，可是谁会提醒你呢？等考完试一翻书，刚看第一眼就全想起来了，于是就非常懊悔。这就是检索环节出了问题，而不是谁脑子笨、不好使的问题。

联想之所以能提高记忆力，主要是因为加深了记忆对象间的联系痕迹，使记忆对象间不再是"老死不相往来"，而是变成相互间有所联系、有所交往的亲密关系。至于它们之间的关系到底能亲密到何种程度，完全看你如何从中"斡旋"了，也就是看你的联想深度了。可以说，联想就是那个能随时随地给你提个醒的助手。这一点当你掌握了倍速训练方法之后，在考场上就会体验到的。

联想是在加深记忆对象间的联系，联想的过程实际上是在为它们牵线搭桥，使它们成为一个整体，这样当你再提取时，就会牵一发而动全身，提一个而起来一大串！

3 联想 记忆的方法

世间万物虽然形态各异，但任何事物都不是孤立存在的，相互间总有千丝万缕的联系，无论是直接，还是间接。因为许多事物间存有不同程度的共性，因此我们能由甲想到乙，再由乙想到丙……大脑中的信息也由此互通。

（1）将联想内容形象化、具体化

说十遍不如看一遍，实践证明，形象化、具体化的事物更易让人理解，更便于回忆。因此，联想时要尽量使联想内容形象化、具体化。

比如当我们说"太阳"这个词时，人们脑海里浮现的很可能不是这两个字，而是灿烂的太阳。说"老师"时，人们脑海里出现的可能不是"老师"这两个字，而是某位老师的形象。说到"母亲"时，人们想到的一定是自己最亲最爱的妈妈。

所以，联想的内容一定要形象化、具体化。

（2）使联想内容动起来

在联想时，要尽可能赋予物体运动的、立体的、多层次的色彩。

  * 如想象足球时可想成红色的或五颜六色的并且是跳跃的、滚动的足球，这样足球的印象远比静止的或停留在口头印象上的足球形象要深刻得多。

  * 同样，可把电扇想成旋转的摇头扇，想象站在电扇前享受风扇送来的阵阵凉意，这样加进了自己的切身体验，"电扇"一词在你的记忆中就会深刻得多。

  * 关于海，你可想象海的波涛汹涌、大浪滔天，也可想成夕阳西下与父母轻松散步时，海的温柔。

  总之，要让记忆内容动起来，并尽可能调动身体其他部位的感觉，多层次、立体地去记忆某内容。

（3）将联想的内容荒诞夸张化

  人们往往对于那些荒诞夸张、不合常理的事长久不忘，相反，对平淡无奇的事则很容易忘记。

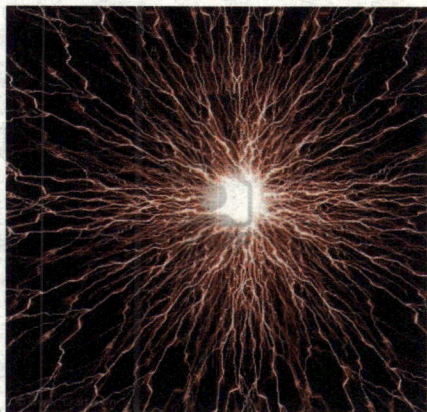

  相传苏小妹曾以诗戏谑苏东坡脸长："去年一点相思泪，今年方流到嘴边"。马季相声中曾讽刺过两个吹牛的人，一个说"我头顶蓝天脚踩大地，高得不能再高了"，另一个说"我上嘴唇挨着天，下嘴唇挨着地"，后一句堪称经典，大凡听过的都会终生不忘。

  许多笑话之所以好笑，是因为里面有许多"包袱"，而这些"包袱"里就有很多出人意料的、不合常规的、夸张荒诞的语句，使人们觉得好笑，记忆深刻。自然，我们也可大胆地联想，越离奇夸张越有趣，印象就越深刻，记忆也就越牢固。

（4）往自己身上联想

  大多数人对于与自己无关的事情或与自己切身利益关系不大的事通常不注

意，也容易淡忘。所以青少年在进行联想的时候，试着把记忆内容同自己联系起来，同自己挂钩，让自己置身其中，而不是作一个局外人、旁观者。

如对森林与电话进行联想时就可想成你迷失在大森林里，时刻担心蹿出个什么野兽来，在恐惧中，你想到打电话求助，这样森林与电话之间就再也不是风马牛不相及的事了。

41 一一对应联想法

什么是一一对应联想法呢？一一对应联想法就是在只有唯一对应关系的两个记忆对象之间进行联想，使之形成紧密的对应关系，以达到提起一方就能马上想起另一方的记忆目的，比如提起中国的首都想起的必然就是北京，问到中国最大的淡水湖就想起鄱阳湖，提起东岳就想起泰山等。

历史、地理、政治、语文等文科类学科中会经常碰到大量的填空题，生活中也经常会遇到很多只有一个正确答案的问题，比如：郑和下西洋的时间是1405年；珠穆朗玛峰海拔8848米；《孔乙己》的作者是鲁迅……面对内容如此繁杂、数量如此庞大，但又相对简单的问题，我们就可用一一对应联想法来解决。

对于那些对应关系明确的记忆内容，在问题和答案之间直接进行联想最为有效，在以后见到问题时回想一下联想就可想起答案了。

（1）记忆下列各国的首都

蒙古首都——乌兰巴托	越南首都——河内
老挝首都——万象	菲律宾首都——马尼拉
希腊首都——雅典	意大利首都——罗马
西班牙首都——马德里	荷兰首都——阿姆斯特丹
芬兰首都——赫尔辛基	澳大利亚首都——堪培拉
瑞典首都——斯德哥尔摩	新西兰首都——惠灵顿
加拿大首都——渥太华	埃及首都——开罗

一一对应联想：

蒙古首都乌兰巴托

蒙古是个草原国家，天气多变，因此乌云来了不脱（乌兰巴托）雨衣很自然。

老挝首都万象

老窝（老挝）在家里，你自然看不到外面的万千景象（万象）了。

希腊首都雅典

赴宴时，妈妈提醒我喝饮料时要"慢吸啦"（希腊），举止优雅点（雅典）。

西班牙首都马德里

爸爸的节目是戏班里的压（西班牙）轴戏，我和妈妈的心里（马德里）此时非常自豪。

芬兰首都赫尔辛基

过去生活困难，做点好吃的时候我们兄妹几个纷纷来（芬兰）到厨房。这时，妈妈总说："好儿莫心急（赫尔辛基），一会就能吃了。"

瑞典首都斯德哥尔摩

哥让我给他掏耳屎，可是掏耳勺锐利了点（瑞典），使得哥耳膜（斯德哥尔摩）划破了。

加拿大首都渥太华

我吃饭时总喜欢夹、拿大（加拿大）块肉，可"握太猾"（渥太华）总夹不住。

越南首都河内

谁都知道，越难（越南）喝的药，体内（河内）的反应越大。

菲律宾首都马尼拉

谁叫你非礼宾（菲律宾）客，人家当然要骂你啦（马尼拉）！

意大利首都罗马

大姨告诉我："旧社会，你大姨（意大利）过得跟骡马（罗马）一样累。"

荷兰首都阿姆斯特丹

"荷花、兰（荷兰）花啊，母亲特别担（阿姆斯特丹）心你们，回来可别太晚！"母亲叮嘱两个出门的女儿。

澳大利亚首都堪培拉

"好大梨呀（澳大利亚）！"我刚要买，妈妈却说："也不知好不好吃就嚷着要买，看好，别赔啦（堪培拉）！"

新西兰首都惠灵顿

妈妈给我买了件新西服，蓝（新西兰）色的，她说蓝色会使灵感顿（惠灵顿）现。

埃及首都开罗

古代高官出行怕挨挤（埃及）都乘轿敲锣开路（开罗）。

（2）记忆下面的世界地理之最

世界最长的河流——尼罗河
世界最深的海沟——马里亚纳海沟
世界最长的裂谷——东非大裂谷
世界最大的高原——巴西高原
世界最低的国家——荷兰
世界最大的群岛——马来群岛
世界最大的暖流——墨西哥湾暖流
世界最大的咸水湖——里海
世界最深的湖泊——贝加尔湖
世界最大的洋——太平洋
世界最小的洋——北冰洋
世界最大的盆地——刚果盆地
世界最狭长的国家——智利
世界最大的沙漠——撒哈拉大沙漠
世界最洼地——死海

一一对应联想：

最长的河流——尼罗河

因为最长的河流要流经很多地方，所以当然要带走很多的泥喽。（尼罗河）

最深的海沟——马里亚纳海沟

听说最深的海沟是圣母玛利亚拿东西给钩的。（马里亚纳海沟）

最长的裂谷——东非大裂谷

最长的裂谷是地震造成的，震的东西都飞（东非）落到大裂谷中去了。（东非大裂谷）

最大的高原——巴西高原

最大的高原风景真美，世界各地游客都被吸（巴西）引过来了。

最低的国家——荷兰

因为地势太低，所以拦河（荷兰）对于这个国家来说尤为重要。

最大的群岛——马来群岛

草原上最近非常奇怪，来吃草的牲畜中最大的会成群倒（最大的群岛）下，马来也照样成群倒（马来群岛）下。

最大的暖流——墨西哥湾暖流

到最大的暖流中洗澡游泳，可洗了三个小时也没洗够（墨西哥），又玩（湾）了一会才走。

最大的咸水湖——里海

为什么最大的咸水湖里水是咸的呢？原来里面是海水。（里海）

最深的湖泊——贝加尔湖

与我感情最深的胡伯伯（最深的湖泊），对我的爱护几倍于他自家的儿（贝加尔）子。

最大的洋——太平洋

暴风雪中牧民家最大的羊（最大的洋）太平无事。（太平洋）

最小的洋——北冰洋

牧民家最小的羊（最小的洋）被冰（北冰洋）冷的天气冻死了。

最大的盆地——刚果盆地

我记得三年自然灾害时，吃过的最好的一顿饭就是爸爸用家里最大的盆领回的地（最大的盆地）瓜，不过也仅刚刚果（刚果）腹而已。

最狭长的国家——智利

世界上最狭长的国家狭长到前后一迈步就会走出国境的程度，于是该国发挥智力（智利）以此招揽游客。

最大的沙漠——撒哈拉沙漠

只身迷失在最大的沙漠里，你就会知道啥也没哈喇子（口水，撒哈拉沙漠）重要，渴呀！

最洼地——死海

百年不遇的干旱使最洼地都干了，到处是动物尸骸（死海）。

用手遮住答案，自己测试一下，看看是否记住了。你会发现，经过这样一一对应联想，在问题与答案之间建立起紧密的联系，通常都能够保持很长时间的记忆，有些深刻的联想甚至会终生不忘。

5 直接 串连联想法

在北方，冬天街边常有一种小吃，叫冰糖葫芦。冰糖葫芦的做法很简单，只要用一根长竹签把一个个山楂串起来，然后蘸上烧热的糖锅里的糖，放在外面冷却一下就行了。冰糖葫芦吃起来又酸又甜又凉，非常爽口，一根竹签多的时候可串十几个山楂。

直接串连联想法就如同竹签串起冰糖葫芦一样，它把要记忆的若干项内容串起来，形成一个整体，以便提一个而想出一大串。所以，我们就形象地称这种记忆方法为"直接串连联想法"。下面来看一下具体的应用。

（1）记忆美国五大农作物带和农业区

美国农业区域图

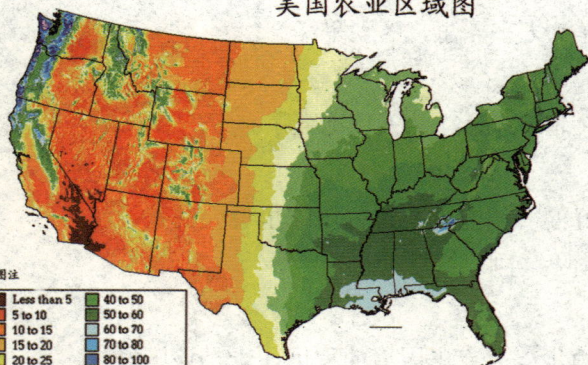

图注
Less than 5
5 to 10
10 to 15
15 to 20
20 to 25
25 to 30
30 to 35
35 to 40
40 to 50
50 to 60
60 to 70
70 to 80
80 to 100
100 to 140
140 to 180
More than 180

西部灌溉农场和牧场：集中在落基山和高原盆地区。

乳肉养禽带：分布于五大湖及东北地区。

棉花带：分布在北纬35度以南。

玉米带：位于中央平原中北部，实行玉米和大豆轮作。

小麦区：集中在北部（春麦）和中部（冬麦），是全国主要粮食产区。

以部分关键字，依次作如下联想：

西部灌溉农场和牧场、落基山、高原盆地

美国西部牛仔白天在农场和牧场劳作，日落解散（落基山），各自回家，有的住在高原，有的住在盆地（高原盆地）。

乳肉养禽带、五大湖、东北

美国人喜欢吃乳肉，还杀养禽（乳肉养禽带）吃，因此长得五大三粗，胡（五大湖）子长得可当冬被（东北）。

棉花带、北纬35度以南

美国阿拉斯加冬天太冷，所以人们都盖着棉被在床上取暖，然而棉花（棉花带）虽好，但用棉被围一上午（35度）也难（北纬35度以南）暖和起来。

玉米带、中央低平原中北部、玉米和大豆轮作

美国人爱吃爆米花，所以玉米在那一带（玉米带）成为主要的农作物，人们在自家院中央地势低平的园中，背部（中央低平原中北部）流着汗种玉米。他们也喜欢吃黄豆崩的爆米花，所以经常以玉米和大豆轮换做着（玉米和大豆轮作）吃。

小麦区、中部（冬麦）、北部（春麦）、全国主要粮食产区

美国起初种小麦时，种子不（中部）好，又不懂麦（冬麦）子的习性，因此品质低劣，农民只好背着布（北部）袋挨村卖（春麦）。改良品种后逐渐成为全国主要粮食产区。

（2）记忆"五岳"名称及其所在省份

东岳——泰山——山东

西岳——华山——陕西

南岳——衡山——湖南

北岳——恒山——山西

中岳——嵩山——河南

直接串联联想：

东岳——泰山——山东

冬月（东岳）登山别登太高的山（泰山），因为高山上"冻"（山东）手呀！

西岳——华山——陕西

西药（西岳，有的方言把"岳yue"读成"药yao"）治划伤（华山）非常有效，

只要磨成又散又细的（陕西）粉末敷上就可以了。

南岳——衡山——湖南

不妨假想：越南（南岳）人因为非常敬佩我国古代的张衡，所以有一山也命名为衡山，并规定没胡子的男（湖南）人不可进山半步。

北岳——恒山——山西

在一次旅游中，岳父腿受伤了，我只好背岳（北岳）父爬山，虽然累得大汗淋漓，但我还是狠下心背到山（恒山）顶，在山顶休息了（山西）好长时间。

中岳——嵩山——河南

中药（中岳）松叶散（嵩山）虽然难喝（河南），但它可是治疗良药呀！

（3）记忆亚洲的河流及其注入的海洋

注入太平洋的有：黄河、长江、黑龙江、湄公河。

注入北冰洋的有：勒拿河、叶尼塞河、鄂毕河。

注入印度洋的有：恒河、印度河、底格里斯河、幼发拉底河、伊洛瓦底江。

直接串联联想：

注入太平洋的有黄河、长江、黑龙江、湄公河

领导让我到太平洋保险公司给单位投保，可我非常担心，没有保管好收据，偏偏保险公司电脑里什么记录都没有，于是，有人告我贪污。这下我可是有口莫辩，别说跳黄河，就是跳长江也洗不清。我只好四处找证明。急得我又黑又聋讲（黑龙江）不出话，忙得没工夫喝（湄公河）水。

注入北冰洋的有勒拿河、叶尼塞河、鄂毕河

我被一伙劫匪绑架，捆着吊在冰冷的北冰洋里，他们勒令我拿出宝盒（勒拿河），并威胁说，如果我不拿出来，夜里还把我塞河里（叶尼塞河），冻不死，也饿毙河（鄂毕河）里。

注入印度洋的有恒河、印度河、底格里斯河、幼发拉底河、伊洛瓦底江

宴会上我喝了一肚洋（印度洋）酒，当时一看这么好的酒就狠下心多喝（恒河），谁想一肚喝（印度河），低下头不顾人格、礼节、斯文地喝（底格里斯河），是诱发拉肚子的喝（幼发拉底河）法，回家后下边是一落千里，上边哇地将（伊洛瓦底江）吃的都吐了出来，那个上吐下泻啊！

以上直接串连联想法尤其适用于记忆五条答案左右的简答题、多选题，所以要达到好的记忆效果，十分有必要时常加以练习。

6 联想 记忆训练

训练 1

想象一下这些动物所处的位置，并编造一个故事，将它们联合在一起。将这一页盖上，拿一张纸，将每个动物准确无误地写在其原来的位置上。

狗、豹、熊猫

猫、马、虎

山羊、鸡、斑马

训练 2

要按照如下每组词汇做联想练习。将脑子里出现的第一个联想记下来。任思维自由发散，不必把思维限制在逻辑范围内。这样，人们将在大脑的银屏上映出胡思乱想出来的故事。这些词汇共分5组：

（1）书、花、香肠、肥皂

（2）上帝、冬天、纸、忧愁

（3）椅子、蜡烛、滑溜、母亲

（4）灯、垃圾、星期一、足球

（5）柯达、河流、植物、神秘

训练 3

下面的各种物品，要设法将它们归类。数一下这些物品，并在各组物品之间进行联想。经过两分钟思考后，将物品名称写在一张纸上，并记在脑子里。然后，再观察一番，将它们组成一个完整的结构。

香槟酒杯、方桌、帽叉子、台灯、椅子、留声机、长靠背椅、扑克牌、炒锅、提包松树、城门、一盆花勺子、三角、方块

训练 4

要将阅读如下几组词时浮现在头脑中的联想呈现在脑海中：

（1）郁金香、雨伞　　（6）灌木丛、小海湾

（2）猫、鞋子　　　　（7）手杖、皮革

（3）甜食、忧愁　　　（8）主席、篮子

（4）画、刀　　　　　（9）睡莲、化学家

（5）天空、汽车　　　（10）云、幸福

训练5

这个练习引导人们发挥联想思维。首先，要写出如下词汇在思想上引起的一切联想：

（1）骆驼　　（4）指甲

（2）马德里　（5）玻璃杯

（3）阳光　　（6）圆环

训练6

为下列每个抽象词汇找一个具体的形象联想（比如"爱"的具体形象联想是"心"）：

（1）冬季　　　（11）时间

（2）贫穷　　　（12）死亡

（3）摇摆舞　　（13）耐心

（4）热　　　　（14）饮食

（5）自由　　　（15）疾病

（6）华尔兹舞　（16）力量

（7）具体　　　（17）厌倦

（8）正义　　　（18）速度

（9）希望　　　（19）温柔

（10）贪婪　　　（20）幸福

训练7

以各种方式将以下词汇分组，以便于记忆。发挥想象力，编造一个故事，并将这些词汇穿插在故事之中：

（1）熊猫　　　　　（6）空气

（2）二轮运货马车　（7）蕨类植物

（3）蜜蜂　　　　　（8）猫

（4）金纽扣　　　　（9）太阳

（5）雏菊　　　　　（10）水

连锁
记忆法 ▌第十二章

靠死记硬背塞进大脑里的知识，
停留的时间是不会长久的。
如果在没有明显联系的事物间进行想象联想，
把事物像锁链一样环环相扣地连起来，
就能拥有完美的记忆效果。

1 | 连锁记忆法方便快捷

连锁记忆是一种很有效的记忆方法。

在美国，有位记忆研究专家哈瑞·洛雷因有超常的记忆本领。有一次朋友拿一副扑克牌洗过后摊在他的面前让他看了30秒钟就把牌按顺序拢起，然后问他："第25张牌是什么？"洛雷因马上答道："黑桃5。"朋友翻开一看，果然没错。朋友决定换一种方式提问："这个梅花7是在哪个位置？"洛雷因马上回答："第24张。"朋友虽然对他的记忆力有所了解，但还是不免十分惊讶地问："哈瑞，你是怎样记忆它们的？""用连锁记忆法。"洛雷因从容地答道。

当我们记忆许多相互间无明显联系的事物时，如果不懂得连锁记忆法，而只会死记硬背，那么就既花时间效果也不理想。

连锁记忆法可以解决死背的苦恼。连锁记忆法就是把资料像锁链一样，一环扣一环地连起来，这样一来所有的资料都会因为这种环环相扣的连接方法，而被准确地记录下来，以使记忆者达到完美的记忆效果。

连锁记忆法适用于记忆较多的相互间没有明显联系的东西。不管记多少件事物，只要在这些事物间依次作形象联想就行了。例如，要记"衣服、书、玻璃杯、钥匙、肥皂"，就作如下连锁记忆：散开衣服，里面夹有书；书装在玻璃杯里，把玻璃杯翻转过来，掉出来的除了书，还有一把钥匙；钥匙居然不是用铁做的，而是用肥皂做的；一下子就被水融化了。这串新奇形象的联想在脑中重现时，犹如连环画，一幅幅画面接连不断，把我们所记的词一个个带了出来。

而在我们平时学习的内容中，有的内容形象感强，便于记忆；有的内容形象感不强，所以必须要先选择代表形象。例如，要记东北的八大工业：钢铁、石油、煤炭、森林、造纸、化工、汽车制造、机械制造，就可以用这么一串连锁的新奇形象来记："炼钢炉的铁水流出来变成了石油；石油冻结成煤炭；煤炭上长出大树；大树上长出的树叶变成了纸张；纸上画

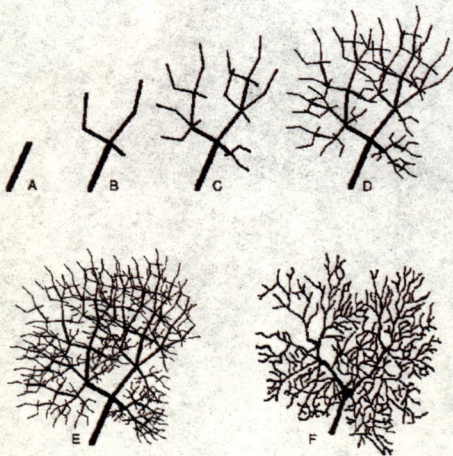

着试管；试管里居然跑出一辆汽车（汽车制造工业）；汽车就像一台车床（机械制造业）。"通过这样荒诞的连锁记忆，大家只看一次就能记下许多内容，甚至可以说想记多少就能记多少，非常便于以后复习。

因此，运用连锁记忆法来记忆是很方便快捷的，它唯一的要求是：联想时形象越夸张、创意越新颖，效果就越好。因为我们通常对不平常的事物记忆得更深、更牢。

2 连锁记忆的四大规则

连锁记忆有以下四个规则：

规则一，要用具体的图像，作图像的连接。

规则二，当我们作图像连接的时候，两个图像一定要有视觉上的接触。

规则三，联想时一定使图像两两相连。

规则四，用同一图像做前后两图像的连接。

一条完整的锁链是环环相扣的，当锁链乱成一团时，是因为一个环连接了多个环，不再是直线的锁链。头脑运用的连锁法也一样，千万不要一个图像同时连几个图像。更不要鲨鱼咬老虎，老虎咬猴子，猴子又咬鲨鱼，这样成为一个封闭的圆环，不再是一个直线的锁链。

连锁记忆还有一个极为重要的条件就是，每个图像就如锁链的扣环一样，环环相扣。也就是说当记忆一些资料，从上面联想到下面的时候，需要加强第一个图像跟最后一个图像的视觉或其他感官的感觉，因为必须有好的联想来确保中间的事物不会忘记。

例如，如果有次序地记住杯子、笔、耳朵、钥匙、窗户等五件物品，当然可以用我们擅长的背诵方法。但是如果资料各自独立、互无关联，不但不容易建立顺序，而且忘了其中一两项，也没有清楚的线索可以回想。

现在大家了解了连锁记忆法，就可以运用它达到快速记忆的效果。

　　如上图所示，我们可以想象蓝色杯子（加进颜色加强印象）里放着红色的笔。（规则二：两个图像一定要有接触）

　　然后，从笔联想到耳朵，想到把笔插在耳朵里面。之后，从耳朵联想到钥匙，想到钥匙挂在耳朵上好像耳环；再从钥匙联想到窗户，想到钥匙戳破窗户的玻璃，插在破玻璃上。（规则三：联想时图像两两相连）

　　请注意，如果我们把一枝笔插在某人的耳朵里，那么下一个图像就是钥匙很像耳环挂在这个耳朵上。不能想象成笔插在某人的耳朵里，而钥匙却挂在大象的耳朵上。切记，图像要保持一致性。

　　通过创造图像、把图像两两相连，资料就像锁链一样环环相连，一字不漏、顺序不乱。只要按照规则不断做练习，青少年就一定可以走出死记硬背的局面，对自己的记忆力重新燃起信心。

第十三章

几乎没有人不对朗朗上口的口诀感兴趣的。
用口诀记忆不但使记忆变得容易，
而且还能激发学习兴趣。

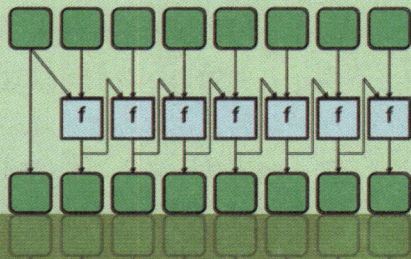

1 用口诀
记忆更轻松

把记忆材料编成口诀或用押韵的句子来提高记忆效果的方法，叫做口诀记忆法。这种方法可以缩小记忆材料的绝对数量，把记忆材料分成组块来记忆，加大信息浓度，增强趣味性，减轻大脑负担，避免遗漏。

口诀歌大都押韵，朗朗上口，容易记忆。例如中国的二十四节气歌，就在民间世代相传，具有强大的生命力。

小的时候我们在学儿歌的时候，会学得特别地快，背得特别地好，因为它把枯燥的内容生动化了。长大后，碰到一些枯燥的内容就觉得很麻烦，怎么记也记不好。比如学习生物课的时候，感到最头疼的就是大量的概念和内容记不住。这样就会使我们厌烦这门课程，但是如果把一些难记的内容编成口诀的话，不但可以增强记忆，还可以提高学习兴趣。

比如，我们在记忆什么是鱼的侧线，它有什么生理功能。在书上要用五六十个字来解释，很不好记。那么，我们就可以把它编成四句口诀："鲤鱼体侧有侧线，水流方向它能辨，水的温度知高低，部分声波听得见。"这样就好记了。又比如，肺泡的构造和生理功能，可以这样编："肺泡构造实在巧，上皮细胞真不少，外面缠着毛细血管网，弹性纤维更是宝，能扩大，能缩小，气体交换条件好。"这几句话念起来顺口好记。有的口诀是提示性的，如昆虫外骨骼的功能，那就概括为："一固定，二附着，保护限制加阻挠。"在回答问题时，只要添上固定什么、附着什么、保护什么、限制什么和阻挠什么就可以了。编口诀的方法很多，对于在课本上比较分散的内容，可以概括在一起。关于花的知识，我们可以这样概括："倭瓜花是单性花，雌蕊雄蕊两分家；茄子花是两性花，雌蕊雄蕊在一朵花；小麦花是风媒花，雌蕊柱头有分叉，黏液多，色不佳，轻小花粉随风刮。桃杏花是虫媒花，鲜艳花冠人人夸，芳香的花粉和花蜜，招引昆虫来采花。"有些知识还能串联编出"故事"，有些一时编不出来，就不要硬编，硬编出来反而费时间。

谐音记忆法是编口诀的最好方式。所谓谐音记忆法，就是把有些知识按照其他同音汉字去理解，使原来无意义的音节变成有意义的词句，使之更加生动、有趣，从而收到意想不到的效果。

说到谐音记忆法，你一定一下子就想到了那著名的记忆圆周率的谐音记忆法了吧？

圆周率 π 的前 11 位数字 3.1415926535，用常规的方法，是无法记住的，或者只能是临时记住，过一段时间就会忘掉。但如果懂得谐音记忆方法，就可以把这串数字转换成一句话："山巅一寺一壶酒，尔乐苦煞我"，从而能轻易地记住它，而且，可以说一辈子都忘不了。

谐音记忆法因为其有趣和音律性极强，能够激发出大脑足够的兴趣，于是在记忆中也更有效率。谐音记忆法可以运用到各门学科中去。

比如记忆年代。马克思生于 1818 年，逝世于 1883 年，可以记成"一爬一爬，一爬爬上山"。甲午战争发生于 1894 年，腐败的清政府溃不成军，你可以记成"一把揪死"。

再比如：记数学公式。用谐音法记忆一次绝对值不等式的解集：

$|x|>a$，解为 $x>a$ 或 $x<-a$；$|x|<a$，解为 $-a<x<a$。可记作："大鱼取两边，小鱼取中间。"同时联想到吃大鱼只吃两边的肉，而吃小鱼掐头去尾吃中间。

记物理中的 3 个宇宙速度，其法同样。第一宇宙速度：7.9km/s（吃点酒）；第二宇宙速度：11.2km/s（要一点儿）；第三宇宙速度：16.7km/s（要留点吃）。

口诀记忆法的好处是记忆时合辙押韵、朗朗上口，并且生动轻松，久久难忘，乃至于记忆终身。

2 | 歌诀记忆法的运用

歌诀记忆法就是把我们所要记忆的内容编成自己熟悉的歌诀来记忆。

下面是几个典型的歌诀记忆法的运用，让我们试一试歌诀记忆法的功效吧。

如《24 节气歌》，也是采用歌诀记忆法，将 24 个节气的每一个节气取一个字，组成一首歌诀：春雨惊春清谷天，夏满芒夏暑相连，秋处露秋寒霜降，冬雪雪冬小大寒。

这首歌将 24 个节气都包含了进去，而且是按照节气的时间先后顺序排列的。

一年中 12 个月，每个月的天数不同，又没有明显的规律可以遵循，当然我们在学习时，可以编以下歌诀记忆大小月：一三五七八十腊，三十一天永不差，四六九冬三十日，唯有二月二十八。

腊指的是阳历 12 月，冬指的是阳历 11 月，通过这么一改编，我们用不着数拳头来记大小月了。此外，有人还将大小月的差别编了一个顺口溜，非常有意思：七个大月心中装，七前单数七后双。二月是个特殊月，其他各月是小月。

只要我们默念这首顺口溜，很快就可以熟悉大小月的排列了。

利用歌诀记忆法，首先要学会编撰歌诀。歌诀编写时，既要准确，又要符合歌诀朗朗上口的特点。例如在记忆历史朝代的顺序时，可以编歌诀如下：三皇五帝夏商周，春秋战国连秦汉，三国两晋南北朝，隋唐五代加十国，辽宋夏金元明清。又如清朝各代皇帝的顺序可记忆为：努皇顺（努尔哈赤、皇太极、顺治帝），康雍乾（康熙、雍正、乾隆），嘉道咸（嘉庆、道光、咸丰），同光宣（同治、光绪、宣统）。

歌诀记忆法的主要特点在于将要记忆的内容进行高度浓缩，一般做法往往是用关键字来代替全称，或者采用其中字音带有谐音的字来代替全称。为了使歌诀本身在意义上有连贯性，或者结构上符合要求，可以适当地增加一些简单的字，例如 24 节气歌中的第一句尾词"天"，历史朝代歌中的第二句的"连（连秦汉）"，第四句的"加（加十国）"等。

第十四章

人们一看到荒谬，
想到的就是风马牛不相及，
能把风马牛不相及的事物联系在一起来成功地记忆，
那就是荒谬记忆法所起到的独特作用。

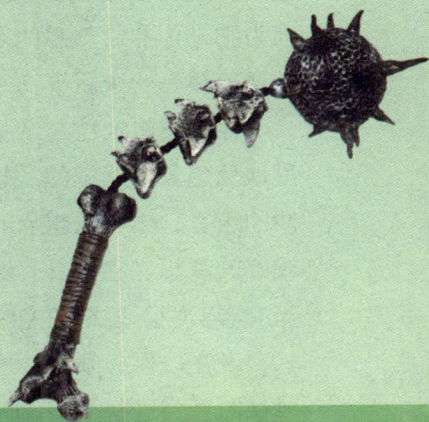

1 | 荒谬记忆法
的秘诀在于荒谬

在进入实际的记忆之前，必须解释一下，你经过训练的记忆力将完全建立在心视图像或是意象上。如果你把它们弄得尽可能荒谬，这些精神图像就很容易回忆起来。

以下是 20 个项目，你将能够在一个短得令人吃惊的时间内按顺序记住它们吗？

地毯	纸张	瓶子	床
鱼	椅子	窗户	电话
香烟	钉子	打字机	鞋子
麦克风	钢笔	收音机	盘子
胡桃壳	马车	咖啡壶	砖块

你要做的第一件事是，在心里想到一张第一个项目的图画"地毯"。大家都知道地毯是什么，因此只是在你的心中"看到"地毯，不要仅仅看到"地毯"这个词。实际上，你要很快既看到任何一种地毯，又要看到你自己家里的地毯，因为它是你非常熟悉的东西。你现在知道或者已经记住的事物是"地毯"。你还要记住另一个新事物"纸张"。

你必须将地毯与纸张相联想，联想必须尽可能地荒谬。例如，你可以将家里地毯想象成纸做的，想象你自己是怎样走在上边，想象纸张在你脚下发出沙沙的声音。你可以想象的都是一种荒谬的联想，一张放在地毯上的纸不是一次较好的联想，它太具有逻辑性了。你的联想必须是荒谬的或是非逻辑的，把这当成事实吧。如果你的联想具有逻辑性，你将记不住它。

现在，你必须在心里用大致一秒钟的时间实际看到这幅荒谬的图画。请不要试图看到这些文字，而要确切地看到你断定的那幅图画。首先闭上你的眼睛，这样也许会使你更容易看到图画。一旦当你看到图画时，不要再去想它并且继续往下进行。你眼下已经知道或记住的东西是"纸张"，因此，下一步是将纸张与一览表中的下一个事物进行联想或联系起来。下一个项目是"瓶子"，在这一点上，你不要再把注意力放在"地毯"上。为瓶子与纸张想出一个全新的、荒谬的精神图像来。你可以想象你自己看见了一个巨大的瓶子，而不是一张纸，或是正在一个巨大的瓶子上，而不是在纸张上书写。要么，你可以想象瓶口中流出的不是液体，而是纸；或者瓶子是由纸造的，而不是玻璃造的。从中挑出你认为是最荒谬的联想并且心视它。

怎么强调心视这幅画以及尽可能使其荒谬的必要性并不过分。当然，你完全不用停下来想 15 分钟去发现最无逻辑性的联想，首先闯进你的脑子里的荒谬联想通常是最适合的。你可以用这些方法把 20 个项目中的每一对组成画面。你将你认为最荒谬的一个或者你自己想到的那一个联想挑选出来，并且仅仅使用这一个联想。

我们已经把地毯与纸张联系上了，接着又将纸张与瓶子联系上了。现在我们进行下一个事物"床"，你必须在瓶子与床之间作出荒谬的联想。放置在一张床上的瓶子或类似的情况会太具有逻辑性了，因此你可以想象你自己睡在一个硕大的瓶子上，而不是一张床上，或者是你可以想象你自己从一张床里，而不是一个瓶子里喝了一口酒（也真够荒谬的了），在你心中把这两幅画都想一会儿，然后停下不再去想它。

你会发现，我们总是将以前的一个物体与眼前这个物体联系在一起。因为我们刚才已用了"床"，这就是上一个物体，或者说是我们已经知道并记住的事物。眼下这个物体或者说是我们想记住的新事物是"鱼"。接下来，在床与鱼之间进行联想或将二者结合起来，你可以"看到"一条巨大的鱼睡在你的床上，或是想象一张床是由一条巨大的鱼做成，并看见你认为是最荒谬的图画。

现在是"鱼"和"椅子"，你看见巨大的鱼坐在一把椅子上，或者一条大鱼被当做一把椅子用；再则你在钓鱼时钓到的是椅子，而不是鱼。

椅子与窗户：看见你自己坐在一块玻璃上，而不是坐在一把椅子上，或者是你可以看到自己用力地把椅子扔出关闭着的窗外，在进入下一幅图画之前先看到这幅图画。

窗户与电话：看见你自己在接电话，但是当你将话筒靠近耳朵时，你手里拿的不是电话而是一扇窗户；或者是你可以把窗户看成是一个大的电话拨号盘，你必须将拨号盘移开才能朝窗外看，你能看见自己将手伸出一扇玻璃窗去拿起话筒。看见你认为最荒谬的图画并看一会儿。

电话与香烟：你正在吸一部电话，而不是一支香烟，或者是你将一支大的香烟向耳朵凑过去对着它说话，而不是对着电话筒，或者你可以看见你自己拿起话筒来，一百万根香烟从话筒里飞出来打在你的脸上。

香烟与钉子：你正在吸一根钉子，或你正把一支香烟而不是一根钉子钉进墙里。

钉子与打字机：你将一根巨大的钉子钉进一部打字机，或者打字机上的所有键都是钉子。当你打字时，它们把你的手刺得很痛。

打字机与鞋子：看见你自己穿着打字机，而不是穿着鞋子，或是你用你的鞋子在打字，你也许想看看一只巨大的带键的鞋子，并在上边打字。

鞋子与麦克风：你穿着麦克风，而不是穿着鞋子，或者你在对着一只巨大的鞋子播音。

麦克风和钢笔：你用一个麦克风，而不是一支钢笔写字，或者你在对一支巨大的钢笔播音和讲话。

钢笔和收音机：你能"看见"一百万支钢笔喷出收音机，或是钢笔在作收音机表演，或是在大钢笔上有一台收音机。你正在那上面收听节目。

收音机与盘子：把你的收音机看成是你厨房的盘子，或是看成你正在吃收音机里的东西，而不是盘子里的。或者你在吃盘子里的东西，并且当你在吃的时候，听盘子里的节目。

盘子与胡桃壳：看见你自己在咬一个胡桃壳，但是它在你的嘴里破裂了，因为那是一个盘子，或者想象用一个巨大的胡桃壳吃晚餐，而不是用一个盘子。

胡桃壳与马车：你能看见一个大胡桃壳驾驶一部马车，或者看见你自己正驾驶一辆大的胡桃壳，而不是一辆马车。

马车与咖啡壶：一只大的咖啡壶正驾驶一辆小马车，或者你正驾驶一把巨大的咖啡壶，而不是一部小马车，你可以想象你的马车在炉子上，里边装着咖啡。

咖啡壶和砖块：看见你自己从一块砖中，而不是一把咖啡壶中倒出热气腾腾的咖啡，或者看见砖块，而不是咖啡从咖啡壶的壶嘴涌出。

这就对了！如果你的确在心中"看"了这些心视图画，你在按从"地毯"到"砖块"的顺序记20个项目就不会有问题了。当然，要多次解释这点比简简单单照这样做花的时间多得多。在进入下一个项目之前，只能用很短的时间看完每一幅通过精神联想的画面。

现在让我们看看你是否已记住了所有这些项目，如果你将看见一张地毯，你的心里会立即想起什么来，当然是纸张。你看见你自己在地毯上，而不是在纸上写字，现在，纸张又让你心中想起了瓶子，因为你看见一个纸造的瓶子。你看见你自己睡在一个瓶子上，而不是一张床上。床上睡着一条硕大无比的鱼，你正在钓鱼，钓起椅子，将椅子从关闭着的窗户扔出去。试着这样做吧！你会记下所有这些事物，而不会遗漏或是忘记任何一个。

这是否太异想天开或是太令人难以置信了？是的！可是正如你所看见的那样，所有这一切是完全可信和可能的。为什么你不试着列出自己的项目单，并采用刚才你学会的方法来记住它们？

这里有三种简单的规则来帮助你达到这一目的。

第一，把事物想得不成比例，换句话说，就是放大。在你对以上项目的简单联想中，常用"巨大的"这个词，其目的是使你得到不成比例的东西。

第二，将事物的内容进行夸张。你在电话和香烟之间进行简单的联想时，可以看到成百万支香烟从话筒中飞出，并打在你的脸上。如果你看见香烟点燃了，并且烧着了你的脸，那么你的图画中既有了行动，也有了夸张。

第三，代替你的事物，这是最常用的一种方法。很简单，不过是设想出一个事物来代替另外一个事物，像吸一根钉子而不是一支香烟。

当然，你现在立即可以用这个荒谬系统来帮助你记住购物单，或者是帮助你在你的朋友们面前露一手。如果你想把它作为一种记忆绝招来试一试，叫你的朋友说出一串物品的名称，并把它们写下来，这样他可以检查你的记忆是否正确。如果当你作试验时发现你很难说出"第一个"事物的话，建议你把那个事物与试验你的那个人联想起来。如果"地毯"是第一个事物，你能看见你的朋友卷起你的地毯。同样，如果当你第一次尝试把这个当成绝招的话，你记住了其中的一个事物，问一问那个事物是什么，并反复对那一特别事物进行联想。你的联想若不够荒谬的话，你就无法在心里看到它的形象，自然也就记不住了。在你加强了最初的联想后，你将能够从头至尾地、喋喋不休地讲出所有的事物。试一试看看结果怎样吧！给人留下深刻印象的是，你的朋友要求你在两个或三个小时以后，说出这些事物来，你也能够做到，最初的联想会出现在你心中。如果你想给自己的听众留下印象，倒背那些事物，也就是从最后一个事物起，说到第一个事物，那么这个系统会自动地为你工作，你只需想一想最后一个事物是什么，你将回想起与之相连的倒数第二个事物，依此类推。

2 | 荒谬 记忆的方法

把所要记忆物品的图像想得不成比例，换句话说，就是把它的原有体积放大很多倍或者缩小几分之几，这些不成比例的东西会使你记忆深刻。还要设想物品正处于活动状态，因为，人们容易注意并记住运动着的物品，而对那些静止的状态却不尽然，而且最好是这种活动给你带来了一种不好的结果。比如说，你曾对某件事情感到非常难堪，或不幸碰上了一起事故，那么，不管事情过了多少年，你都会非常生动地记起它们来，你可以详细地描述出那一事件的始末。

因此，只要有可能，青少年在联想和想象时，要尽量想那些剧烈的行为，夸张物品的数量。

尽量将以上列出的一种或更多的规则应用到你的图画中去。稍加练习之后，你会发现，你很快就会把任何两个物品，通过荒谬的联想将其联系起来。于是我们在进行记忆时，就可以将第一个项目与第二个项目用这种联想的方式联系起来，依次类推。在记忆时，将需要记住的物品一个连着一个地产生联想，通过这些荒谬的画面，这样就能将要记住的内容逐一记起了。

3 | 荒谬 记忆的训练

训练 1

请你用最大胆的假想来记忆下列项目，可以不按顺序记忆。

扑克牌	小汽车	游客	医生
羊	白宫	总统	纵火案
钢笔	咖啡杯	书本	泥土
国会山	刺杀	小汤姆	火车

训练 2

请你按照对应的数字与字母的顺序来记忆下列项目。

①—A

②—C

③—F

④—H

⑤—U

⑥—X

⑦—Q

⑧—V

⑨—D

⑩—M

训练 3

请你必须按照排列好的顺序来记忆下列项目。

①山岩

② FOX

③希腊人

④ BEFORE

⑤ UNIN

⑥潜水

⑦油画

⑧ BOOK

⑨ NORTH

⑩吸血鬼

第十五章

其他特殊的记忆方法

学习方法无穷无尽，
青少年不但要掌握基本的记忆方法，
同时还要掌握特殊的记忆方法，
只有这样才能自如地学习，
才能灵活地运用。

1 间隔 记忆法

　　青少年在写作时应有这个体会，间隔几天再来看写的东西，往往能找到更新的感觉。记忆同样如此，比如，在全神贯注地记住尽可能完整的一串数字之后，你把记忆工作放一段时间，然后重新做记忆练习，这便构成了间隔记忆练习，它的效果非常理想。

　　鉴于"记忆初期遗忘率最大"的规律，所以要把第一次的间隔时间缩短一点，到第二遍、第三遍的时候，一般就不太容易被干扰了。越到后来你的间隔时间就可以越长。

　　假设你为了去墨西哥而学西班牙语，你为自己制订的计划是每天学 25 个单词。头一天 25 个词你只记住了 20 个，在第二天的回忆中你却能想起 23 个。就这样，你利用间隔记忆法逐步地超越着自己，并在几天之内轻松地达到预期目标。在取得胜利的同时万不可忽视了间隔的作用，要尽量把每天的间隔利用好，否则你将会前功尽弃。

　　间隔记忆法的优点，除了以上谈到的之外，还有重要的一条，即用这种方法记忆的东西保持的时间会很长。

　　让我们再回到电话号码的记忆上来。假设你将号码反复地重复了三四次之后就放置一边了。你以为自己已经记下了那个号码，因为你已经不停地念叨了三四次，于是你被这一假象所蒙蔽。可半小时以后，数字没有了，你的记忆努力完全白费。

　　因此，对需要长久记忆的事物，最好采用间隔记忆法进行。另外，采用间隔式的学习方法，在学习一些复杂事物时也是非常奏效的。

　　心理学家经过研究得出，间隔记忆法是符合人体生物节律和大脑工作规律的。人的大脑在工作时，其原理与机器工作时一样，如果机器不停机、不检修，一年四季不停地运转下去，那就要损伤机件，影响工作，因此，经常要小修、中修，乃至大修。大脑也是如此，如果整天大脑不停地学习、工作，就会头痛，学习效率也会大大降低。如果隔一段时间就休息、锻炼一会儿，脑子就会清醒，再学习时效率就能大大提高。

　　间隔不但能解除大脑的疲劳，而且可以巩固和强化新学的知识，因为某一段学习虽然刚刚结束，但脑内的神经活动过程并没有立即结束，仍然需要持续一段时间，如果此时不用其他材料去干扰它，它就会在大脑内留下深深的痕迹。美国著名心理学家詹姆斯曾经说过："游泳在冬天提高，滑雪在夏天优秀。"这句话深刻地说明了运动与休息之间的辩证关系。运动是如此，记忆过程又何尝不是如此呢？我们常说"8-1 > 8+1"就是这个意思。

记忆的间隔把握好了，能使你的记忆力表现得更加有效、迅速和方便。如何利用记忆的"间隔"来加强你的记忆力，提高记忆的进程，就是我们这里要讲的"间隔记忆法"。

人在试图记忆某个材料的时候，大脑是在有意识地进行记忆，而在有意识地记忆之后的一段时间里，大脑仍然会保持该记忆的内容。正是因为大脑记忆的这一特征，回忆现象也就产生了。间隔记忆法就是利用记忆的这一特点，设计出有效的记忆方法。假设你正在打电话，对方告诉你，如果你可以马上给另一个人打电话，那人就可以帮你做成一笔大买卖。你听到这个消息会非常高兴，这种不费吹灰之力就可以办成的好事实在是太难得。

这时你一定是急于要打那个人的电话，可是当你把手伸进口袋，想拿出笔来记电话号码时，十分不巧，笔没水了。看来，这组号码就只有凭脑子记了。你在心中不断地重复着这组号码，但在下面的交谈中你还能记得住这组电话号码吗？电话号码能在你的脑子里保留到给那人打电话的时候吗？如果当你拨号码时又碰上了占线，你能在几分钟后回忆起这组号码吗？大多数人对电话号码的记忆，都会在听到号码后，在嘴上或者心里重复读上几遍。这种方法不错，但如果稍加改进效果会更好，完全可以避免遗忘。

停一刻等于浏览两遍。换句话说，在你重复一遍电话号码或其他什么要记的东西之后，要停顿一下，然后再重复第二遍。在重复第三遍之前再停顿一下。因为凡在脑子中停留时间超过 20 秒钟的东西，才能从瞬间记忆转化为短时记忆，从而得到巩固并保持较长的时间。当然，这时的信息仍需要通过复习来加强。

那么，也许你会问："间隔时间应当多久？"

一般来讲，间隔时间应当根据信息的范围来确定。例如，在你学习某一材料后，一周内的复习应为 5 次。而这 5 次不要平均地安排在 5 天中。早期信息在记忆中保持的时间越长，被遗忘的危险就越小。所以在复习时，初期间隔要短一点，然后逐渐延长。

2 图表记忆法

由于利用图表能很简明清晰地揭示事物间的关系，便于青少年掌握系统的知识，图表在我们的工作和学习中被广泛地采用，例如门捷列夫的《化学元素周期表》、《世界各国（地区）面积、人口、首都（首府）一览表》、《我国历史朝代年表》等，看起来都一目了然。这种利用图表进行记忆的方法称为"图表记忆法"。

（1）图表记忆原理

在人的感觉中，随着人的成长，发展最迅速的是人的视觉，所以一个人如果不会画地图，不是不能视觉化的人，就是感觉器官不发达的人。处理或整理眼睛所看到的信息可促进理解与记忆，因此训练能制作出一看便一目了然的图表的能力，是增强记忆力的捷径。

一个战役的指挥者要作决策时，往往站在地图前凝思，随着视线中出现的一个个地名与标号，记忆就会迅速活跃起来，记忆提供的材料，帮助他准确制定出作战方案。熟悉全国地图的人，若要回忆京广线经过的大中城市，大脑中必先浮现铁路线路图，然后才能按顺序回忆出这些城市的名称。又如内燃机的结构若单用文字表达很难记，有一张结构图帮助就容易记了。

某些事物有共性的一面又有细微的差别，如记中药的药性、政治课中的一些有共同点的名词解释，也可用图示法分别记下，比单纯文字说明要好得多，如图 16-1 所示。

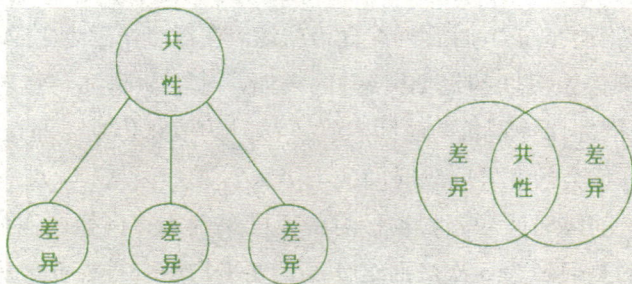

图 15-1

图表中的文字要尽量简洁，甚至用字头法简化。要是能利用简单的图形或符号代替文字，记忆效果就会更好。例如列个图记修辞方法，"设问"用"？"

号，"反问"用"L"，回忆这些形象比回忆文字容易。

使用图表法记忆，一定要理解图表内容，有的人试图靠看一张《历史复习表》就去参加考试，那是不行的。司马迁在讲到《史记》中的表时，说那是"本为成学之人欲览其要也"。谁"未成学"就想走捷径，非栽跟斗不可。

在读书时，不仅要用文字写出要点，更应画成图表，这样做的作用，除加强记忆外，还可训练视觉化。现在的语文、英语、历史等科，即使在掌握一个题目的要点时，训练图解能力也非常重要。例如因果关系、时间、人物等，如能画成图表，可使记忆清晰，提高读书效果。而且依视觉来整理笔记，一旦离开笔记，图表的内容就会浮现脑际，极有助于记忆的复现。

有时候，用粗笔写字或用彩色笔画图形，更会产生立体效果。如果创作并表现出自己独特性的记号，那么，从你写下这个记号之时起，记忆就已经开始发挥作用了。

（2）图表记忆的方式

同样的知识量，如果用文字表述，需要的字数比用图表的表述多得多，而且记忆的效果也不如用图表好，因为图表方式的表达更直观更清楚。儿童在识字的初期，一般是以图形表格为主，成年人在看材料时，有时也宁可选择图表类的材料，而不愿意看大段的文字描述。

图表记忆法包含了用图记忆和表格记忆两种方法，虽然图和表在外形上略

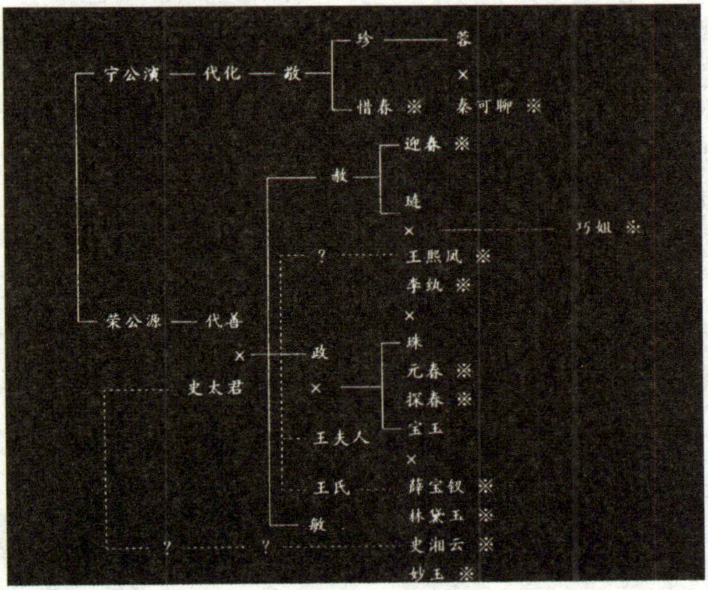

图 15-2

有不同，但两者是根据同样的原理，有时两者还会穿插在一起使用。用图形的方式表示记忆的内容，可以有不同种的图形，有些图形是规范性的图，也有一些图形是不规范的，由制作者根据记忆的需要而设计的。

例如文学巨著《红楼梦》中，人物众多，关系复杂，初看一遍，很难理清楚人物之间的关系，如果用图的形式将人物之间的关系展示出来，就清楚多了。鲁迅先生就为《红楼梦》中的人物做过一个关系图，如图 15-2 所示。

注示：用虚线者其姻连，注 x 者夫妇，注 ※ 者在"金陵十二钗"之数也。

有些记忆内容用文字表述时很抽象，较难理解，用图形表示时则非常直观，很容易理解，在理解的基础上记忆，事情就会变得非常简单。

例如在政治经济学中，对于价值规律的文字表述是：商品的价值量是由生产商品的社会必要劳动时间决定的，商品交换要以价值为基础，实行等价交换。价值规律的表现形式是价格受供求关系的影响，围绕价值上下波动。在讲解这一段时，老师最好绘制一个图形来说明价值、价格与供求关系三者之间的关系（如图 15-3）。

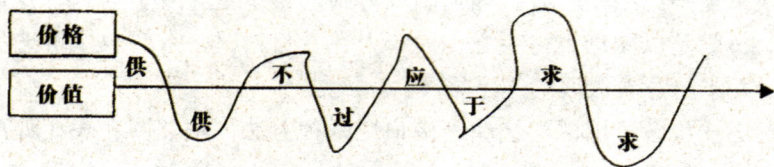

图 15-3

该图形十分形象地说明了价值、价格与供求之间的关系，当供不应求时，价格往往高于价值，当供过于求时，价格低于价值，但是价格始终是以价值为基础，上下波动不会太大，从总体上来看，价格还是与价值保持一致的。当学生们头脑中出现了这个图形之后，便自然记住了价值规律。

表格记忆的特点是用表格，而非图形来表达文字所表达的内容。根据表格制作的依据，可大致将其分为比较表格、统计表格两种形式。

比较表格如表 15-1 所示。

项目	对应的名称				例子
分数	分子	分数线	分母	分数值	12/4=3
除法	被除数	除号	除数	商	12÷4=3
比	比的前项	比号	比的后项	比值	12:4=3

表 15-1

在表 15-1 中，将分数、除法和比三者的关系进行了全面分析，分数中的分子即是除法中的被除数，也是比的前项；分数中的分母为除法中的除数，为比的后项；分数中的分数值为除法中的商，也是比的比值；分数中的分数线，在除法中用除号表示，在比中由比号表示。对于上述内容，如果用文字表述，很费解，但如果看一眼上表，就可以轻松地找出三者之间的异同，并牢记于心。因此，当我们需要记住那些彼此之间有一定联系、又存在一定区别的内容时，可以制作一张对比关系图，将要比较的事物作为一列，而将要比较的项另作一行，然后逐一进行分析，得出相应的结论，再用网线将其隔开，形成表格的形式。

另一种表格为统计表格，例如表 15-2 所示，这类表格多以数据为主，因此称其为统计表格，主要适用于一些数字较多的记忆。

公里数　　　　　　　　　　　　　　　 车型（种）	城市街道	公路
小型客车	70	80
大型客车、货运汽车	60	70
二轮、侧三轮摩托车	50	60
拖拉机、轻便摩托车	30	
电瓶车、小型拖拉机	15	

表 15-2

（3）怎样做记忆图

怎样做记忆图呢？这种方法其实与我们在学校时老师在黑板上画的图十分类似。

简单地说，记忆图的制作就是把中心概念写在中央，然后向各个方向延伸，产生由关键词和突出映象所组成的组织化结构。这种结构随着认识的深化不断发展、完善。具体方法如下：

图解记忆法的第一个步骤是把你要记忆的事物的关键词写在一张纸的中央。然后，在关键词周围记下第二层次的要点，并用线条把它们与中央的关键词连接起来。接着，把与各个二级要点有关的下一级要点记下来，并用线条把它们与有关的二级要点连接起来。这些三级要点也许与中心要点有关联，也许没有。最后你将得到一幅有众多分支的图画。

运用这种方式储存信息要比逐条记笔记更有趣更容易。它能使你看一跟就想起一些关键的要点。图解记忆法对任何通过语言或视觉图像传授的信息都有效。如讲课、会议、书籍、报告、录像带、电视纪录片、录音带等。

图解记忆法之所以有如此作用，是因为在你写下各级要点并画出表示其相互联系的连线的过程中，你一直在不停地思考、理解和评价相关信息，把它们转化为与你个人经历相关的术语。这种方法对那些视觉智力（与语言智力相反）高度发达的人特别有用，因为逐条总结要点对他们是很大的压力。当然，图解记忆法简便易行，任何人都可以有效地运用。

下面就是一幅典型的记忆图，如图15-4。

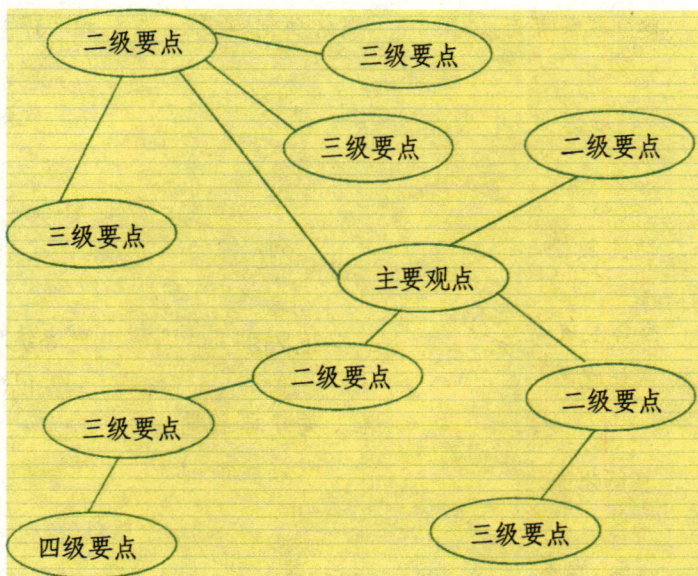

图 15-4

　　画面上只有一些散乱的标签和线条，乍看起来可能显得很混乱。但是，如果从位处中央的主要观点出发，你很快就能发现这幅图的意义。沿着由此发出的线条，我们可以找到第二层观点，沿着从第二层观点发出的线条，我们又将找到第三层观点。其余的线条则表明了第二层观点、第三层观点以及主要观点之间的相互联系。

　　一项研究表明，使用记忆图比之普通的记笔记方法，能使回忆效果提高五倍。无论是读书、演讲、会议采访等都可以运用记忆图，如图 15-5，这样，无论什么时候需要，记忆图都能帮你从脑海中很快提取出有关信息。你的记忆图越有创造性，就越有助于你的记忆。

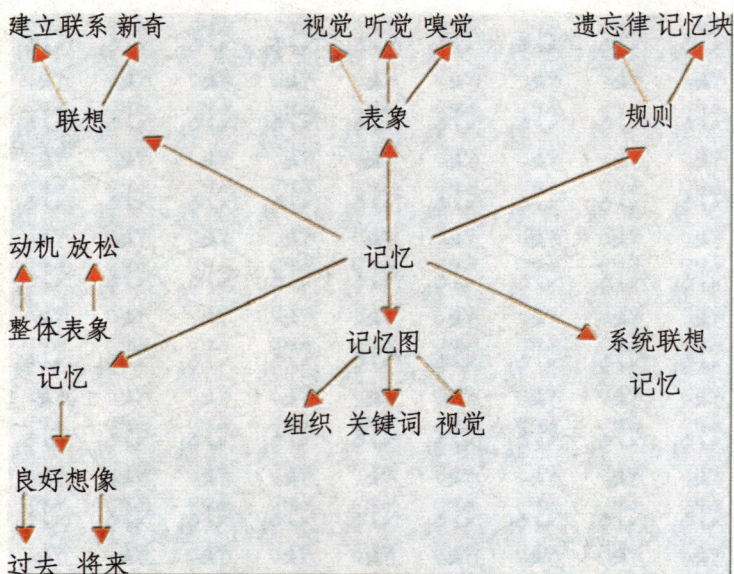

建立联系 新奇　　　视觉 听觉 嗅觉　　　遗忘律 记忆块

联想　　　　　　　表象　　　　　　规则

动机 放松　　　　　　　记忆

整体表象
记忆　　　　　　记忆图　　　　　系统联想
　　　　　　　　　　　　　　　　记忆

　　　　　　　组织 关键词 视觉

良好想像

过去 将来

15-5

3 特征记忆法

　　所谓特征记忆法，就是抓住学习材料的独有特征来记的一种记忆方法，共性中的个性就是特征，它可以刺激大脑皮层，使大脑皮层产生兴奋，从而使人留下鲜明的印象。

　　抓住特征进行记忆是一种很有效的记忆方法。

　　如何抓特征呢？只要你对要记的材料认真地观察、动脑思考、分析、发掘，记忆材料的特征就会显露出来。比如汉字"己、已、巳"，"拆、折、柝、析"，只要抓住封口不封口，多一点，少一点，点横撇之差的特征，就容易进行记忆了。记"买、卖"二字，可想到"一盖扣火"的特征来记。再如"良、郎、朗、琅、狼、粮"与"很、狠、痕、恳、跟、根"两组字，只要抓住前一组韵母都是 ang，后一组韵母都是 en；ang 韵有点，en 韵无点的特点，就不会记错写错了。

　　总的说来，学习、记忆新材料或新事物的时候，要先下一番发掘的工夫，将其特征寻找出来，有些材料或事物相互区别出来，有些材料或事物相互区别不很明显，找起来也并不容易。但只要仔细观察，细致对比，深刻分析不同情况下的异同，总能找出要记忆的材料或事物的特征的。

（1）观察

观察是记忆的基础，只有观察细致，才能记忆扎实。没有经过仔细观察的记忆，事后只能想出粗略的大概而已，至于主要的内容就无法想出来了。一般情况下，观察的顺序应该是从整体到局部的。首先要观察全貌，其次是观察各部分，最后是观察细节处。在整个观察的过程中，都要注意寻找事物的特征，当确认了事物的特征后，就已经把它记住了。

（2）辨别

很多识记对象极其相似，容易混淆，只有认真辨别，同中求异，才能找出识记对象的特征。在记忆时，有些事物的特征非常明显，一目了然，有些则需下一番工夫才能辨别出来，不过，经过认真辨别后抓住的特征，是难以遗忘的。

（3）发掘

有些识记对象的本身并没有什么特征，怎么办呢？那我们就可以人为地赋予它一个特征——发掘。如英语单词 eye（眼睛），只要想象 Y 是英国人的勾鼻子，两个 e 是两只眼睛，就永远也不会忘记了。

观察、辨别、发掘，将会撩开事物的面纱，显露其独具的个性特征。如果你能经常从寻找特征的角度去观察、去记忆，将会收到惊人的记忆效果。

4 浓缩记忆法

所谓浓缩记忆法，就是把要"过"的内容高度浓缩，看见一个字、一个词，便可迅速回忆起全部内容。从而大大提高效率，节省时间。具体有以下几种方法。

（1）内容浓缩法

就是根据材料主干，将其内容的精华和核心进行高度压缩或分解，用最简单、最本质、最概括的文字表达出来。如复习中国古代史的井田制，可将其内容浓缩为"国王所有，诸侯享有，奴隶耕作，形似'井'字"。或者进一步浓缩为"王有、侯用、奴耕、井形"。这样记忆的好处是在需要回忆这段内容时，只要酌情在每段话上"添枝加叶"就可以了。内容浓缩法需要积极地思考和辛勤地筛选，只有这样，才能把精华提炼出来。在浓缩的过程中，删繁就简，择精选萃，使知识在数量上大幅度减少，在质量上成倍增长，显著地提高记忆效率。

如北魏孝文帝改革，其主要内容是：颁布均田令；接受汉族的先进文化，令鲜卑贵族采用汉姓，穿汉服，说汉话，与汉族通婚；迁都洛阳并采用汉族统治阶级的制度。可浓缩为"一均、二化、三迁治"。这样概括起来顺口，记起来方便，需要回忆时再逐一添上内容就行了。

（2）字头浓缩法

就是将每句话、短语或词的字头提出并按顺序串联起来进行记忆。字头浓缩法在记忆中形成知识结构的整体缩影，特别在记忆较多的人名、地名时能发挥良好的效果。如记忆丝绸之路中几个地名，可将长安、河西走廊、新疆、安息、西亚、大秦等提取浓缩为："长河新，安西大。"再如，中国民族资产阶级革命团体的建立，其主要领导人——兴中会的孙中山，华兴会的黄兴，光复会的蔡元培，日知会的刘静庵，可浓缩记成："兴华光日、孙黄蔡刘。"

字头浓缩法简单易学，方法好用，既提高兴趣，又便于记忆。所以在复习中应不拘一格地发挥它的作用。

（3）口诀浓缩法

就是以整齐押韵的句式概括出所要记忆的内容，形式上近于顺口溜，内容上极其概括，然后实行强化记忆。应用时根据口诀进行联想展开，达到准确全面记忆的目的。如红军长征 4 次会师可编成口诀："56 一四懋，510 一陕吴；66 二四甘，610 三会宁（每句 5 个字，分别代表年份、月份、部队番号及会师地点）。"口诀浓缩法简单有趣，但是在开始时需动一番脑筋，把识记材料编成生动有趣甚至有韵味的口诀，这是要下点工夫的，不过，一经编好，便终生难忘。如世界古代史三大改革，可编成口诀。公元前 6 世纪波斯大流士改革内容："帝国分甘郡，每年纳金银；币制统一化，驿道通四都。"公元前 594 年雅典梭伦改革内容："取消债务废奴隶，民分四等享顺利。"公元 646 年日本大化改革内容："废私田，法均田；租庸调，授班田；每六年，死地还；改行政，立集权。"

应用这一方法应该注意两点，第一点，浓缩不是万能的，不能盲目运用，一定要在理解、熟悉内容的基础上加以浓缩，方有良好效果。（否则不加理解地乱记一气，可能光记住浓缩的东西了，却想不起"原汁"了。）第二点，浓缩前要考虑所浓缩的内容是否属于必须掌握的重点内容和基本内容，如将次要内容或本身就很简单的内容加以浓缩来记忆，无异于舍本逐末，就无法体现浓缩的"刀刃"作用了。

据说，美国海军人事管理研究处，曾对180个学生作过实验，调查学生的笔记法和其记忆力之间的关系。先把学生分为3组，每一组都是收听录音带中同样内容的讲课。并规定，A组的学生必须按照他们所听的，逐字记录成笔记。B组的学生则需把内容分列为大纲，再依大纲来做笔记。而C组的学生则只要求听，不要求做笔记。听完之后，对这3组学生统一进行讲课内容的测验，看哪一组的记忆率最高，结果A组和C组的学生，只能记住全部内容的37%，而B组的学生却能记住58%。可见听课时如要做笔记，与其逐字记录下来，倒不如分列为大纲来记。大纲式的记法不但好记也较不易忘记。

5 反面记忆法

打飞靶时，运动员的枪口瞄准的不是目标本身而是目标的正前方——打提前量。枪响以后，百发百中。这叫"歪打正着"。以错误纠正错误，运用的也是这个原理。心理学理论中，有一种名叫"反面记忆"的方法，即针对经常犯的错误或不良习惯，利用"以恶惩恶"的手段，彻底不断地加以重复，使思想行为变得完全紊乱后，再进行纠正。

心理学家萨顿在一则报告中提到的例子十分有趣，恰可用于证明这一点。

萨顿过去用打字机打文章时，经常把"the"错打成"hte"。有一天，他告诉自己："不许再犯这种错误！"但在方法上却完全倒行逆施。他要求自己不得把"hte"打成"the"。三个月后，他发现自己不但能自然地打出"the"，而且从此以后再也没犯过这样的错误。本来，他以为这只是碰巧在自己身上有效，但经过一再在学生身上实验，皆获得同样成效后，他深信这种方法只要能够善加利用，必能取得高出"正面学习"数倍的记忆功效。

打靶也是如此。由于视差等原因，明明瞄得很准，弹着点却总是偏离靶心。了解了这一点，干脆在瞄准时就从反方向偏离靶心，结果是歪打正着，命中率反而有很大提高。打飞靶使用提前量也是这个道理。

当然，在应用此方法纠正错误之前，必须弄清楚错在哪里？何为正确？而且要慎用此法，否则就会弄成以错纠错，越纠越错。

考试和解习题，除了具有测定学习能力的作用外，在发现错误、改正错误方面也深具意义。具体做法是把错误或失败转化成某种形式加以记录。例如收集试卷中答错的习题作为参考资料，或者另外准备一本小本子专门记录答错的题目。认真分析答错的原因，找出正确的答案，反复练习，重点巩固，就能达到利用所犯的错误去改正错误，督促自己不再犯同样的错误的目的，以寻找错误为乐趣。

6 | 淘汰 记忆法

我们先看一个例子，要记住在课本中出现的作者，比如巴金、老舍、鲁迅、茅盾、杨朔、魏巍、冰心、刘白羽、孙犁等，因为他们全都是小说家和散文家，所以，只要记住巴金、老舍又是剧作家、鲁迅又是杂文家就行了。

英语里，可数名词单数变复数，是在名词后加"s"或"es"，要完全记住显然不可能，你就只记加"es"的，因为加"es"的极少。记住加"es"的后，再记几种变化特殊的就可以了。对于众多加"s"的，根本就不必再记了。"过去式"一般是在动词原形后加"ed"，你只管记下不加"ed"的几种特殊情况，其他照加"ed"不误。

以上用的是淘汰记忆学习法。淘汰记忆学习法是一种省力高效的学习方法。

如果记忆的材料较多，而且零乱，又没有内在的逻辑联系，比如记较多的单词、汉名词解释、历史材料、公式、定理等，最好不要一遍又一遍机械地反复读，而要选择用淘汰法。下面介绍两种具体的方法：

* 把上次已经记住或没记住的用符号做上标记（或以不同色笔标出）以示区别，比如用"√"或"×"标示。在下次记的时候，只选上次没记住的来记就行了。这样，要记的内容就会逐一减少，也可减轻大脑负担。到最后，再拉通记。

* 把没记的、难度大的内容，以问题形式分类抄在一边，作专门记忆，这样才不会受已记忆住的内容的视觉干扰，即把已记住的暂从你的视野中除去，从而有效地记住你没记住的内容。

淘汰法记忆的一般步骤是：

  ＊初记材料。不必分主次难易去作全面记忆。

  ＊初次核对。记到几成熟时，核对材料，剔出没记住的或难度大的地方，做上符号标记，或抄在一边。

  ＊淘汰记忆。把已记住的暂时放弃不管，挑没记住的或难度大的地方专门记忆。如果淘汰后的部分较多，可在淘汰后，再核对、再淘汰，再记，直至记住为止。

  ＊拉通记忆。淘汰后的部分记完后，把材料拉通记忆。

  淘汰记忆法要求一次又一次地除去每次记住了的东西，使要记的内容逐渐减少，不仅缩短了记忆的时间，还能集中精力，有效地提高单位时间的记忆效率。

  值得说明的是，淘汰，不是说已记住的就从此放弃不管，而是暂时置于你的视野之外，集中注意力记住还没记住的部分，再拉通记忆。

71 全脑
风暴记忆法

  当青少年学习外语时，口读和手写并用，加上手势和身体的动作可获得3倍效果。本来，人在进化的过程当中，作为意志传达的手段，是手先于口，用手和身体动作帮助记忆是最自然的事情。

  因此，需要记忆的科目像英语、语文、历史、地理等，除了采用口读与手写并用的方法外，还可以站起来边走动，边摇头摆手地背，这样可以记得又快又牢。

  上面我们所说的利用眼看、耳听、口念、身动、心想等多种器官协同起来，像铺天盖地的风暴一样，全方位刺激人的大脑以增进记忆效果的方法，就是全脑风暴的记忆法。

  请看下面的一组实验：

  把被试者分成三组，并分别教给每组一种记忆方法，然后让他们用老师说的方法记住十张画片的内容。

  第一组：只是告诉他们画上的内容，并不给他们看这些画，也就是说这组学生听而不看。最后测验结果是能记住60%。

第二组：只让他们看这十张画，可是不给他们讲画的内容，也就是说这组学生只看，没有听。最后测验结果是记住 70%。

第三组：既给他们看画又给他们讲解每张画的内容，最后测验结果第三组记住的最多，达到 86%，因为他们既看又听了。

实验证明，学习时调动多种感觉器官协同记忆效果最好。这种记忆法的原理在于：人的每个感觉器官都和大脑神经有着密切地联系，每个感觉器官接触过的事物都在大脑皮层留下一定的痕迹，如果眼、耳、鼻、口、手等多种感觉器官都接受同一信息，就会在大脑皮层留下很多"同一意义"的痕迹，当然比一种器官留下的印象深。这样，使大脑皮层的视觉区、听觉区、嗅觉区、动觉区等建立多通道的暂时神经联系，即使某一痕迹淡薄了，还有其他痕迹的存在。所以发动多种感觉器官记忆材料，就会延长保留记忆的时间，巩固记忆的痕迹。

青少年在学习中怎样运用全脑风暴记忆法呢？

在开始听老师讲课时要全神贯注认真听讲，看着课本和注意看老师在黑板上写的重点内容，动手将必要的东西摘记下来，有些人往往忽视动手或者懒于动手，结果时间一长学的东西多了，就把前面的忘了。而动手记笔记，回忆时就会有线索。

在自学读书时，精神集中，用眼睛看书是必需的。有些材料如能出声朗读则更能增强记忆效果，比如学中文和学外语都是如此，语言总是由口说出来，光看只解决文字问题，光看而不读外语结果学成哑巴外语，光看不朗读中文则体会不到有些好文章的音韵、气韵。除了读、看，还要动手写，学外语不动手写只能停留在再认识阶段。

复习功课的时候，也不要只是来回翻书，最好是动手写出提纲，把重点抓住，至于必须死记硬背的材料要反复写几遍，达到自我测验能默写的程度。"眼过千遍，不如手写一遍"。光看是不行的，要和手写结合起来才能增进记忆。对于实验课有时还要调动味觉和嗅觉的积极性，比如上化学实验课就要动耳、眼、手、鼻、口来参加学习，听觉信号、嗅觉信号、触觉信号一同涌入大脑皮层，建立起多通道的内在联系，加深记忆的痕迹。

8 | 争论 记忆学习法

通过与别人对学习材料进行争论、探讨，使大脑高度兴奋，以强化记忆的方法，就叫做争论记忆法。

争论有助于记忆是符合人脑的活动规律的。在进行争论的时候，使人全神贯注、高度兴奋，这样建立的记忆联系势必强烈而集中。此时，一方面全神贯注地听取对方的意见，同时分析其中的正误；一方面积极思维，评论对方的见解，阐述自己的观点。在这种情况下，信息输入大脑容易留下较深刻的印象。

争论是记忆的益友，它可以帮助青少年检查记忆的准确性。"智者千虑，必有一失。愚者千虑，必有一得。"人们记忆的知识，因为受个人的局限性，总免不了要有一些谬误。通过争论，把错误的暴露出来，得到了纠正，从而形成正确的记忆。同时，记忆正确的知识也得到检查和应用，记忆的牢固性得到了巩固和深化。

争论还可以使争论双方开阔视野，拓宽思路，互相受到启发。在争论中，由于注意力高度集中，无论是听到一个新观点，还是发现一个新论据；无论是自己被驳得体无完肤，还是对方甘拜下风，都是一种强烈刺激，都能留下深刻地记忆。

运用争论记忆学习法要注意以下几点：

动机要正确。进行争论的目的是为了辩明知识的准确性，从而加深理解和记忆。

态度要端正。进行争论时要保持善意、求知的态度，不要钻牛角尖，死要面子。

方法要正确。要围绕中心议题进行争论，要独立思考，切忌人云亦云、不懂装懂。

9 谐音 记忆学习法

这里讲一个有趣的故事：

以前，有一个爱喝酒的老师，要外出，于是给学生布置了一道题目：把圆周率背到小数点后 30 位，并宣布放学前考试。学生望着"3.141592653589793238462643383279"这一长串数字，愁眉不展。但奈何不了老师，只好摇头晃脑背起来。有几个调皮学生却满不在乎，揣好题目，到山后去玩耍。这时，他们看到先生正与一个和尚在山顶的凉亭里饮酒，就吐着舌头，扮着鬼脸，悄悄地钻进一片树林。夕阳西下时，先生酒足饭饱，回到学堂，见少了几个学生，勃然大怒，马上考试。那些循规蹈矩、死记硬背的学生，背得有头无尾，丢三落四，先生很不满意。当几个贪玩的学生赶回来时，先生大发雷霆，声称，如果背不出，将打手心 50 板。可是一考，却个个背诵如流。先生莫名其妙，怎么用功的没记住，贪玩的倒背得出来呢？原来，他们玩耍时，有个聪明的学生用谐音把它编成了顺口溜："山巅一寺一壶酒，尔乐苦煞吾，把酒吃，酒杀尔，杀不死，牛儿斗死，扇扇刮，扇尔吃酒。"一边念，一边拽着一个模仿在山顶上喝酒先生的动作，做饮酒、斗牛、死去、扇耳光的动作，戏耍着念，不几遍，他们几个都记住了。

这个故事告诉我们，利用谐音记忆是十分有效的。

像以上这种根据记忆材料与另一事物读音相同相近产生联想帮助记忆，人们称做谐音记忆。利用谐音，把一些枯燥乏味的材料变成了生动有趣的材料，构成清晰的图像，使人处在诙谐、活跃、轻松、愉快的气氛中，因此，记忆效果好。

不同的人有着适合自己的不同的记忆方法,
而不同的记忆方法达到的记忆效果也各不相同。
每个人,由于自身生理与心理条件的先天性差异,
在记忆习惯与记忆效率上也会体现出差异性。
对自己的记忆能力进行检测,
有利于青少年总结经验,
有针对性地进行改进,
达到使自己记忆超群的目的。

1 记忆能力测试试题一

(1) 倒数测试

从 300 开始倒数，每次递减 3。如 300、297、294、291、倒数至 0，测定所需时间。

要求读出声，读错的就原数重读，如"294"错读为 293 时，要重读"294"。

测试前先想想其规律。例如，每数 10 次就会出现一个"0"（270，240，210...），个位数出现周期性的变化。

2 分钟内读完为优秀，2.5 分钟内读完为较好，3 分钟内读完为一般，超过 3 分钟为较差。这一测验只能与自己比较，把每次测验所需时间对比就行了。

(2) 测试记忆能力同记忆意图关系

先要求一位朋友在 5 分钟内把下面一组数字记住。

19	33	81	62
54	76	42	27

在 5 分钟后测得其记忆结果并且记录好，然后再要求这位朋友在另一个时间内把下面一组数字记住。

23	38	74	56
45	67	12	89

开始，告诉他在 3 分钟内要记住，在 3 分钟的时间过去后，告诉他再过 2 分钟才测试，又过 2 分钟后把此次测试结果同上次比较，看哪次结果好。

(3) 测试观察能力

数列"4，9，15，20，26、31，37，42"有个有趣的特征，能容易地记住它，你能找出它的特征吗？

其实这个答案并不难，先将这个数列分为 8 组然后相加，第一组"4"加"5"是第二组"9"；再加"6"，是第三组"15"；再加"5"，是第四组"20"；再加"6"是第五组"26"。依此类推，重复一次"5"，再加一次"6"，就很容易把这个数列记住了。

（4）测试回忆能力

你回忆一下给你印象最深刻的 10 件事，并且想想，你喜爱的事情的件数是否在 5 件以上？

大多数人回答在这 10 件事中，令人愉快的在 5 件以上。

⑸ 测试记忆效果与记忆兴趣之间的关系

有两个人从山上回来。一位朋友问他们山上怎样？有一个人详细地描述了山上的美丽风景，另一个人则热衷于大谈吃吃喝喝。你能回答这两个人各对什么感兴趣吗？

大谈风景的人对风景感兴趣，大谈吃喝的人对吃喝感兴趣。

⑹ 测试联想与记忆的关系

杰克老师的《现代法语词典》，被熟人汤姆借走了，一直没有还回来。

杰克老师教语文，备课时经常要用《现代法语词典》，而汤姆又住在很远的地方，想用时又不能立即去要，两人又不常见面，偶尔见了几次面，杰克老师又想不起来要书……就这样，杰克老师备课很困难。

请你想一想：如果用奇特联想法，怎样联想，杰克老师才能够见到汤姆就想起要书呢？

先想象一下熟人汤姆的容貌，并且在脑海中浮现出汤姆头上顶着那本《现代法语词典》的形象。可以把这本《现代法语词典》想象得很大很重——比杰克要大 3 倍或更多，因此，杰克顶着这本书很吃力，被书压得龇牙咧嘴、汗流浃背，两腿抖得像弹三弦……

想得越具体、越奇特、越好笑，再见到杰克时，就越不容易忘记要书了。

⑺ 测试数字的内在联系

14	39	32	76
59	24	62	86
92	49	34	96

请在 1 分钟内记住上面的数字，顺序可以改变。

我们将这组数分为 4 类，就得出答案了。

十位数分别是 1、2、3，个位数是 4——14、24、34

十位数分别是 3、4、5，个位数都是 9——39、49、59

十位数分别是 7、8、9，个位数都是 6——76、86、96

十位数分别是 3、6、9，个位数都是 2——32、62、92

21 记忆能力测试试题二

（1）用 4 分钟记下面 10 张扑克牌的点数，并设法记住它们的顺序。像前一次一样，设法把它们回忆出来。记住了梅花 10 还不够，还要记住它的顺序，知道它排在第二。依此类推，一个 1 分。

①方块 5　　　⑥黑桃 A

②梅花 10　　⑦方块 2

③黑桃 K　　　⑧红桃 4

④黑桃 7　　　⑨梅花 9

⑤梅花 Q　　　⑩黑桃 6

得分 _____

（2）用 5 分钟记住下面 10 种商品及其价格，然后用一张纸把价格盖住，写上你所记得的价格数，一个 1 分。

草帽	10 元
衣服	125 元
皮鞋	210 元
剪草机	1365 元
冰箱	1968 元
收音机	160 元
笔记本电脑	5980 元
救生艇	2200 元
羽绒服	399 元
乒乓球拍	150 元

得分 _____

（3）用 3 分钟看下面 10 个数字，然后合上书看你能记住多少。也要求顺序正确，数字和顺序都对得 1 分。

① 22　　③ 65

② 48　　④ 97

⑤ 14　　⑧ 94

⑥ 75　　⑨ 78

⑦ 33　　⑩ 69

得分 _____

（4）用一分半钟读下面 8 个数字。然后取一张纸，凭记忆将它们写出。每个写在正确位置上或正确顺序中的数字可得 1 分，这里主要是评估记忆强度问题。

72	44
31	75
62	22
63	51

得分 _____

（5）想象有人从一副洗好的纸牌中抽去了 5 张牌，其余的 47 张牌都只报给你听一次。你能通过记忆说出哪 5 张牌没有报过或是遗漏了吗？我们来试试看。这张列有 47 张牌名的表你只能看一次，然后用铅笔草草记下你认为遗漏的 5 张牌的名称。写的时候不能看书，读表时间不能超过 4 分钟。正确列举每张遗漏的纸牌可得 2 分。

红桃 J	梅花 A	梅花 8	红桃 6	方块 A	黑桃 9
梅花 Q	红桃 4	红桃 K	梅花 4	黑桃 7	黑桃 10
方块 7	红桃 5	梅花 7	方块 K	梅花 10	红桃 3
方块 2	红桃 10	黑桃 J	梅花 9	梅花 K	方块 Q
黑桃 3	方块 10	红桃 8	方块 8	红桃 9	黑桃 8
黑桃 6	梅花 6	红桃 7	黑桃 5	黑桃 4	梅花 2
红桃 Q	黑桃 A	黑桃 Q	方块 5	方块 3	方块 6
梅花 3	红桃 2	黑桃 2	方块 J	梅花 J	

得分 _____

3 记忆能力 测试试题三

(1) 测定记忆速度

下列的 3 组数字是测定记忆速度的数字表：

97	74	93	38	29	62	27	41	83	64	49	73
24	79	28	75	67	14	86	94	47	32	29	57
67	93	59	73	62	43	24	87	29	75	45	36

请你的同伴清楚地读出上面 3 行数字中的任何一行，1 分钟内读完。读完后，你就把你能记住的数字写出来，前后顺序颠倒没有关系。如果你能把那 12 个数字都正确地写下来，那你就具有罕见的记忆速度。如果能记住 8～9 个，可以打"优"，记住 4～7 个，可以打"良"，记忆数字少于 4 个，说明记忆速度偏差。

(2) 短时记忆广度测试

请看下面的测试表：972641183
36527303750
914068594379625
516927706294523647
306728515387963865214
583910242908135727593869
764850129042865129831652749
216408957347903862150846271903
453821703694790386215084627190 3
987032614280541962836702736149258031 用任意排列的 3～12 位数的数字表（上表）作为实验材料，请一位朋友向你口述这张数字表上的每一组数字，从位数少的数字，到位数多的数字，实验者每读完一组数字，你紧跟后面复述，从 4 位数开始，通过了，就试 5 位数，6 位数……直到你对某一长度的数字复述错误，或不能复述为止。这就是你的记忆广度，为了使记忆广度实验的结果精确，用 3 个不同数字表进行试验，取三次结果的平均数。

假若，测得平均数为 10 个以上，就是特优，7～9 个，就是优，5～6 个是正常，4 个以下是偏低。

假若你是 4～7 岁的儿童，测得的平均数是 7 个以上，就是特优，测得的平均数是 6 个则是正常，测得平均数是 4 个以下就是偏低了。

(3) 数字记忆训练

你知道如何记住 5、1、2、4、7、1、4、3、8、6 这 10 位数字吗？

我们可以根据记忆广度的限制性特点，把 10 个数字分成 3 个单位进行记忆，即 512——471——4386。假如你想知道第六个字母是多少，你就很快想到第二组字母的末位数是 1。同理，若想知道第七个数字是多少，你很快就能联想到 4。

（4）词语记忆法

请记忆下面 20 个词（连同其顺序号一起），直到能够熟练记住为止。

①乌克兰人	②经济学	③粥
④文身	⑤神经元	⑥爱情
⑦剪刀	⑧良心	⑨黏土
⑩字典	⑪油	⑫纸
⑬小蛋糕	⑭逻辑	⑮社会主义
⑯动词	⑰缺口	⑱逃兵
⑲蜡烛	⑳樱桃	

一星期后要重作一次实验，在这一星期内不要再看试题——如果做到根本不用再看试题，那样更好。

努力回忆并默写试题表中的 20 个词（连同其顺序号）。然后按下式进行计算记忆效率。

你的记忆率达到 90%～100% 为优，记忆率为 70%～90% 则为良，记忆率为 50%～70% 为好，30%～50% 为中，30% 以下为差。

(5) 顺序颠倒记忆训练

用 8 分钟时间记忆下面 20 张扑克牌的点数，并设法记住它们的顺序。

①黑桃 Q	⑨方块 5	②方块 8
⑩方块 6	③红桃 3	⑪黑桃 3
④梅花 J	⑫红桃 6	⑤方块 7
⑬梅花 K	⑥黑桃 A	⑭黑桃 2
⑦红桃 K	⑮方块 4	⑧梅花 9
⑯梅花 7	⑰方块 9	⑲红桃 J
⑱黑桃 J	⑳方块 Q	

（6）商品快速记忆训练

用5分钟记忆下列20种商品及其价格，然后用一张纸把价格盖住，写下你能记住的价格数。

钢笔	8.30元	冰箱	2500.00元
皮鞋	210.00元	笔记本	2.80元
苹果	8.00元	手套	14.00元
蛋糕	16.90元	电脑	7400.00元
运动衣	39.00元	手表	270.00元
窗帘	17.60元	蔬菜	5.80元
洗衣机	700.00元	日历	37.00元
帽子	27.00元	书包	18.00元
围巾	34.00元	台灯	52.00元
教科书	11.00元	沙发	1700.00元

（7）复杂的商品名称记忆训练

用2分钟时间记20种商品，还要记住它的序号，然后合上书本，看你能记住多少。

①汽车	②毛巾	③眼镜
④电视机	⑤蛋糕	⑥橘子
⑦书	⑧小提琴	⑨邮票
⑩洋娃娃	⑪戒指	⑫游戏机
⑬圆珠笔	⑭黄瓜	⑮日历
⑯牙膏	⑰领带	⑱皮鞋
⑲皮带	⑳《读者文摘》	

(8) 间断记忆训练

请每隔10秒钟，就记忆下面各数字，然后再把它们写出来。

① 267

② 4373

③ 96004

④ 80392

⑤ 6370367

⑥ 3.6.5

⑦ 4.3.3.9

⑧ 10.4.7.0.3.4

⑨ 6.8.2.5.9.5

⑩ 5.6.9.3.7.6.5

请分别注视下面的数字各 20 秒钟，然后把书合上，再由下往上记忆，并写出来。注意：注视数字的时候是由左至右，但是写出时则必须由右至左。

① 3，9，7

② 4，2，1，10

③ 6，3，4，9，0

④ 8，5，3，9，10，8

⑤ 10，8，7，3，9，4，6

⑥ 368

⑦ 6603

⑧ 703694

⑨ 634597

⑩ 8000672 整列数字中，记错一个数字就打 ×，记对就打 ○ 得 0.5 分，满分是 20 分。

A.16 ～ 20，非常优秀；

B.11 ～ 15，优秀；

C.8 ～ 10，普通；

D.6 ～ 7，稍劣；

E.0 ～ 5，非常低劣。

⑼ 快速记忆短文训练

请在 10 分钟内阅读下列短文，并记住它。①他们慢慢地向着那株松树走去。路上，父亲不时转头凝望贝儿，他觉得贝儿穿上军服，做了军人，宛如一株树苗获得了阳光与水分的滋养，他是会逐渐长大起来的。

②权力恰像一条大河，如果河水受约束，那就既美丽又有用。可是当它泛滥到岸上，就一发不可收拾了，它所向披靡，冲到哪里就给哪里带来严重的破坏。

③翻开美国的历史来看，自由不啻是贯穿着民族精神的一道无形的脉流。

④记得第一次来这个村子的时候，在村头上的小店附近下车之后，便进入一条狭窄的小巷，经几番的转弯抹角，才找到我们来寻古的那座老教堂。当时正值雨季，整个小巷尽是一片泥泞，檐低路湿，十分难走。

⑤这双球鞋是和我同进校门的，除了上体育课穿着它之外，每天晚上，它也陪伴我上操场，它已成了我生活的一部分，我在日记中写它，在作文中也写它，犹如年轻绚丽人生的源泉，它使我充满生气和无限活力。

⑥宪法不只是一个名字，而是真正的东西。宪法不是一个理想，而是真正的实体。如果宪法不能产生一个具体的形式，那就是空洞的。宪法是政府的先决条件，政府是由宪法产生的。国家的宪法不是政府的法令，而是组成政府的人民的法令。

⑦离开了盐湖城盐厂以后，我们的 4 辆游览车，又前往德汉镇，参观新竹玻璃公司苗栗厂，公司的总工程师从加州赶来接待我们，他是哈佛大学化学系的毕业生，其技术的高明，使新竹玻璃的质量日益提高。

⑧至于鬼节这天，女孩子不被允许到坟地祭拜，这是大家共同的说法，海特尔补充说，从前贵族人家的妇女养在深闺，有的甚至做了祖母，还未见过祖坟。

⑨良心是正义最好的管家。良心给人以警惕、希望、酬报和惩罚，使一切都在正义的控制之下。忙碌的人一定要注意它的提示，有权力的人要听从它的指示，愤怒的人要忍受它的谴责。良心做我们的朋友时，一切都很平静。可是一旦触犯了它，心里就永远不得安宁。

⑩那是就读初中的时候。我们刚脱离恶补的桎梏，进入了里德城的一所中学念书。我永远不会忘记，教我们法文的老师里德，他年纪轻轻的，刚从大学毕业，对学生一团和气，从没有忿然不悦的脸色。班上有一位同学丢掉了法文课本，老师马上将教师用的课本送给他。

请阅读下列短文，如果画线的句子与在测验中所记忆的不同，请打 ×，相同时就打 ○。

① 他们慢慢地向着那株松树走去。路上，父亲不时转头凝望贝儿，他觉得贝儿穿上军服，做了军人，宛如一株树苗获得了阳光与水分的滋养，他是会逐渐长大起来的。

② 权力恰像一条大河，如果河水受约束，那就既美丽又有用。可是当它泛滥到岸上，就一发不可收拾了，它所向披靡，冲到哪里就给哪里带来破坏。

③ 翻开美国的历史来看，美国不啻是贯穿着民族精神的一道无形的脉流。

④ 记得第一次来这个村子的时候，在村头上的小店附近下车之后，便进入一条狭窄的小巷，经几番的转弯抹角，才找到我们来寻古的那座老教堂。当时正值雨季，整个小巷尽是一片泥泞，檐低路湿，十分难走。

⑤ 这双球鞋是和我同进校门的，除了上体育穿着它之外，每天晚上，它也陪伴我上操场，它已成了我生活的一部分，我在日记中写它，在作文中也写它，犹如年轻绚丽人生的源泉，它使我充满生气和无限活力。

⑥ 宪法不只是一个名字，而是真正的东西。宪法不是一个理想，而是真正的实体。如果宪法不能产生一个具体的形式，那就是空洞的。宪法是政府的先决条件，政府是由宪法产生的。国家的宪法不是政府的法令，而是组成政府的人民的法令。

⑦ 离开了盐湖城盐厂以后，我们4辆游览车，又前往德汉镇，参观新竹玻璃公司苗栗厂。公司的总工程师从加州赶来接待我们，他是哈佛大学化学系的毕业生，其技术的高明，使新竹玻璃的质量日益提高。

⑧ 至于鬼节这天，女孩子不被允许到坟地祭拜，这是大家共同的说法，海特尔补充说，从前贵族家的妇女养在深闺，有的甚至做了祖母，还未见过祖坟。

⑨ 良心是正义最好的管家。良心给人以警惕、希望、酬报和惩罚，使一切都在正义的控制之下。忙碌的人一定要注意它的提示，有权力的人要听从它的指示，愤怒的人要忍受它的谴责。良心做我们的朋友时，一切都很平静。可是一旦触犯了它，心里就永远不得安宁。

⑩ 那是就读初中的时候。我们刚脱离恶补的桎梏，进入了里德城

的一所中学念书。我永远不会忘记，教我们法文的老师里德，他年纪轻轻的，刚从大学毕业，对学生一团和气，从没有忿然不悦的脸色，班上有一位同学丢掉了法文课本，老师马上将教师用的课本送给他。记住一题得1分，满分是10分。

(10) 文章快速记忆训练

请在3分钟内阅读下面的文章，尽量将它们记住。柏克莱的校园很清雅。校内有茂盛的树林，林子里有古朴的木桥，桥下有曲折的小溪，小溪的源头有绿草如茵的山坡，起伏的山坡顶上是白色的钟楼——这里的"注册商标"。

不过，我最喜欢的是这儿学生活动中心的广场和广场上每天中午的热闹。

每天中午12时整，钟楼就开始了"敲打乐"——有时候是十分流行的曲子。敲钟的是位老太太，她已经敲了一辈子。

钟声一止，好戏就上演了。

广场上来来往往的大都是出来吃午饭的学生和教职员工。有的人坐在枇杷树下的长椅子上，有的人席地躺在青草坡上，三三两两吃着三明治，晒着太阳，聊着天南海北。

虽然只是短短一个钟头的休息时间，可是可看的戏却不少。在你啃着三明治的时候，随时会有人来到广场的水池旁边或者树下的校门边上，弹的弹，唱的唱，地上也不忘摆个小罐子收钱。这些"素人音乐家"，水准都是不差的，也不像是真想得到赏钱，学生们遇到动听的，也绝不吝啬他们的掌声。有时候学校里的乐队——也不知是请来的还是学生们自发的，也会鼓弦喧天地表演一番，闻乐起舞，人人不以为怪。

除了放假和下雨，这里总是热热闹闹的。学生示威的、罢课的，都要来此游行演说。他们说宗教是古老的传说，他们说讨厌坏蛋，讨厌有钱人，有权势的人也讨厌（最后只剩下自己最可爱了）。

观光客（总背着照相机）、牵狗的、蓬头垢面的也都夹在人群里面，这里相当的自由，至少可以绝对地呼吸到那样的空气。

顶有趣的是一些狂人。

有来演讲的。只见他来回走着，念念有词，声调有高有低，手势极其夸张，只可惜语无伦次不知他在说些什么。这是演讲狂。

有来表演特技的。穿一身古怪服饰，戴防毒面具，表演无声片时代的慢动作，犹如在打西式的大极拳。这是表演狂。

昨天来了一个人，提着一只皮箱，俨然是魔术师的模样，他看见人就把身上的皮夹子掏出来往地下丢，告诉别人里边有钱，为什么不捡？为什么不捡？他追着人问。

这些狂人，大都没有害人之心，不过他们也只能吸引那些新来的学生，对于老柏克莱人，他们也许并不是什么精神失常的人，反而是有点儿像什么心理学大师到这儿来做什么人性的实验似的。

我极喜欢我在这校园里中午的这一小时的休息时间。我常常在那短短的热闹里，想起两句诗：现实是人类的牢笼，幻想是人类的翅膀。要是你想张开天真的翅膀，飞出现实的牢笼，请来这儿看看，请来中午阳光下的柏克莱学生活动中心的、圆水池旁边的、自由天地的，纯洁而不愚蠢的学生当中走走……你会明白所谓最高学府"最高"二字的乌托邦的意义。下面有10个问题，每题各有4个答案，其中只有一个正确的。请在正确的答案上打√。

①前一个测验的文章，主要是在叙述柏克莱的 _____

A. 办公情景　　　B. 上课的情形

C. 校园情景　　　D. 参观的情形

②柏克莱的"注册的商标"是 _____

A. 学生的活动中心广场　　B. 白色钟楼

C. 起伏的山坡　　　　　　D. 曲折的小溪

③中午广场上来来往往的大都是出来 _____ 的学生和教职员工。

A. 上课　　　　　B. 吃午饭

C. 下课　　　　　D. 游行

④中午休息多久的时间？

A. 一个半小时　　B. 半个小时

C. 一个小时　　　D. 45分钟

⑤除了放假和 _____，广场总是热热闹闹的。

A. 考试　　　　　B. 罢课

C. 下雨　　　　　D. 节日

⑥广场上最有趣的是一些 _____

A. 狂人　　　　　B. 画家

C. 观光客　　　　D. 音乐家

⑦夹在人群里的观光客们总背着 _____

A. 小孩　　　　　B. 照相机

C. 雨伞　　　　　D. 背包

⑧昨天来了一个人，提着一只皮箱，俨然是 _____ 的模样。

A. 演说家　　　　B. 特技表演者

C. 魔术师　　　　D. 卖狗皮膏药的

⑨多少有点儿老僧入定那种功夫的是 _____

A. 狂人　　　　　B. 老柏克莱人

C. 新柏克莱人　　D. 观光客

⑩现实是人类的牢笼，_____ 是人类的翅膀。

A. 梦境　　　　　B. 心灵

C. 幻想　　　　　D. 智慧

每答对一题得1分，满分是10分。答对8～10分为非常优秀；6～7分为优秀；4～5分为普通；2～3分为稍劣；0～1分为非常低劣。

4 记忆能力测试试题四

请对下列各题作出最适合你的选择。

①你担心自己记忆力不好吗？　　（　　）

A. 从不担心　　　B. 有时担心　　　C. 经常担心

②你认为记忆是件痛快的事吗？　　（　　）

A. 不　　　B. 说不清　　　C. 是的

③你是否回忆得起上学期至少两门课的最后成绩？　　（　　）

A. 清楚地记得　　　B. 大致记得　　　C. 想不起来

④你能说得出几个小学同学的名字吗？　　（　　）

A. 10个以上　　　B. 5～10个　　　C. 不到10个

⑤你讨厌记忆吗？（　　）

A. 不　　　　B. 说不清　　　C. 是的

⑥你经常因遇见某个面熟的人却叫不出他名字而感到万分沮丧吗？（　　）

A. 不　　　　B. 有时　　　　C. 是的

⑦你痛恨遗忘吗？　　　　　（　　）

A. 不　　　　B. 有时　　　　C. 是的

⑧记一些学习上的内容令你感到十分疲劳吗？　　（　　）

A. 不　　　　B. 有时　　　　C. 是的

⑨在生活中，有一些事情是你愿意甚至可以说是你喜欢去记忆的吗？
（　　）

A. 是的　　B. 不知道　　　C. 没有这类事情

⑩记忆时你选择老师所讲的哪些内容？　　（　　）

A. 前因后果　　　B. 大致意思　　C. 所有知识

⑪你使用一些记忆技巧吗？　　　　（　　）

A. 经常使用　　　B. 有时使用　　C. 很少使用

⑫复习功课总是令你心烦吗？　　（　　）

A. 不　　　　　　B. 有时　　　　C. 是的

⑬你考试时常忘记一些原先记住的东西吗？　　　（　　）

A. 不　　　　　　B. 偶尔　　　　C. 是的

⑭记外语单词是否使你感到很困难？　　　（　　）

A. 不　　　　　　B. 说不清　　　C. 是的

⑮你对生活中的事做一些笔记吗？（　　）

A. 是的　　　　　B. 偶尔　　　　C. 从不

⑯别人嘱咐你做的事情，你是否会忘记？（　　）

A. 不会　　　　　B. 偶尔　　　　C. 时常

⑰科学家一般都不喜欢记忆吗？　（　　）

A. 不对　　　　　B. 不知道　　　C. 对的

⑱你喜欢了解科学奥秘并可以毫不费力地记住吗？　　（　　）

A. 是的　　　　　B. 说不清　　　C. 不是

⑲你会因为贪玩而忘记做一些事吗？　　（　　）

A. 从不　　　　　B. 偶尔　　　　C. 时常

⑳你做家庭作业时是否曾发生过漏掉的情况？　　（　　）

A. 从不　　　　　B. 偶尔　　　　C. 时常

㉑对自己喜欢的短诗或对句，你是否只看上一两遍就记住了？ （ ）

A. 是的 　　　　B. 不知道 　　C. 很可能记不住

㉒对必须背诵的课文你要比其他同学花更多时间才能记住吗？ （ ）

A. 不 　　B. 不知道 　　C. 是的

㉓对一些用字母表示的数学公式，你是否觉得记起来并不难？ （ ）

A. 不 　　B. 不知道 　　C. 是的

㉔考试令你感到十分紧张吗？ 　　（ ）

A. 从不 　B. 偶尔 　　C. 时常

㉕只要你决定要记住某事就肯定不会忘吗？ 　　（ ）

A. 是的 　B. 说不准 　C. 不

㉖你觉得你的记忆力富于逻辑性吗？ 　　（ ）

A. 是的 　B. 说不准 　C. 不

㉗别人告诉你他家的路名、门牌、房间号和电话号码，你会写下来吗？

（ ）

A. 通常会 B. 也许会 　　C. 通常不会

㉘多次复习仍不能令你记住吗？ （ ）

A. 不对 　B. 不知道 　　C. 对

㉙你的记忆力比以前下降了吗？ （ ）

A. 不对 　B. 不知道 　　C. 对

㉚你边记忆边回想与记忆内容有关的一些知识吗？ 　　（ ）

A. 对 　　B. 不知道 　　C. 不对

每题答A记2分，答B记1分，答C记0分。各题得分相加，统计总分。

你的总分 _____

0～19分：你的记忆力很差。如果你不能恢复对自己记忆力的自信心，你的记忆力会变得更糟。

20～40分：你的记忆力一般。如果调整你对记忆力的一些观念，并重视记忆训练，你的记忆力肯定会有所改善。

41～60分：你的记力发展状况良好。

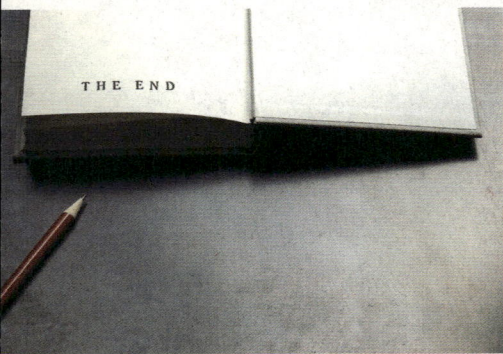

THE END

5 记忆能力 测试试题五

（1）测试你运用连锁记忆法达到的能力

请将下面 5 件事进行连锁记忆：订购电视机；打字机；订一套西服；与交易对手田中氏会晤；买进邮票。

①电视机与打字机——想象电视机上有打字机的键，往电视里塞纸按键。

②打字机与一套西服——想象自己穿着用打字纸做的一套西服。

③一套西服与田中氏——想象田中氏穿着一套肥大的西服跳舞。

④田中氏和邮票——想象田中氏被贴到一张很大的邮票上挣扎。

关于开始的那个电视机，可想象为公司的大门成了电视的图像。这样，在每次出入公司的时候，5 件事就会在一瞬间记忆起来。

（2）在规定的时间（例如两分钟）记住以下词语

冬瓜、钢笔、黄牛、电视机、棉被、茶叶、山峰、脸盆、电灯、玉米

①冬瓜——钢笔：切开冬瓜，里面没有瓜籽，全是一支支钢笔。

②钢笔——黄牛：打开铜笔套，里面跑出一头黄牛来。

③黄牛——电视机：黄牛一下子撞碎了电视机。

④棉被——茶叶：把棉被拿出来一抖，飘出许多茶叶来。

⑤茶叶——山峰：飘出的茶叶遮盖了一座山峰。

⑥山峰——脸盆：山峰坐落在一个脸盆里。

⑦脸盆——电灯：脸盆下面压着一盏电灯。

⑧电灯——玉米：电灯里面并无钨丝，是一个玉米正在发光。

（3）测试你用分类方法进行记忆的能力

用 2 分钟的时间把这些词语记住：钢笔、衣架、洗衣机、毛巾、书包、肥皂、笔记本、刷子、电风扇、墨水、电冰箱、收录机、筷子、政治。在记忆时，可根据这些物品的特征将其分为三类。文具类：钢笔、墨水、笔记本、书包。

卫生用品：毛巾、衣架、肥皂、刷子。

电器类：收录机、电冰箱、电风扇、洗衣机。

杂类：钢笔、筷子、政治。

（4）视觉记忆测验

展示一张图，图中画有 10 件物品，即电灯、书、椅子、刷子、手表、上衣、床、鞋子、足球。

你看图 30 秒后，立即做简单的数学题 30 秒钟。然后再用 30 秒钟回忆图

中有何物，记录回忆成绩。30 秒钟后，不管已做出多少题，立即转入回忆 30 秒钟，然后记录能回忆几项内容。

(5) 听觉记忆测验

对被测者高声读出 10 件他所熟悉的物名，每个用 3 秒，共用 30 秒，接着做 10 秒数学习题。再用 30 秒钟回忆，记录回忆成绩。

(6) 听、视结合记忆测验

对被试者每 3 秒钟提供一张图片，共 10 张，并对他高声读出图片中的物名，然后像前面的测验一样做 30 秒数学题后再用 30 秒回忆，记录成绩。

(7) 对相貌及姓名的遗忘测验

请朋友拿出 10 张你不认识的人的照片，并请他把名字标在每张照片的下面（为了方便最好使用 2 寸免冠照片），规定记忆时间为 30 秒，然后请朋友拿出这 10 个人的同样照片，只是照片旁边的姓名要隐去，排列的顺序也不同，数一数你默写错误的姓名数。

如果你记错 3 个人以下，说明你的遗忘率较小（即记忆力很好），若记错 4 ～ 6 个人，说明你的遗忘较正常（即记忆能力较一般），若你记错 7 人以上，说明你是个健忘的人。

(8) 测试积极遗忘能力

请读一遍下列单词，注意避免巩固它们的记忆。足球（运动）、医院、桌子、水、地理，锡、苹果、指针、机器人、伤口。

为了使自己完全不可能巩固对这些词的记忆，读这些词时要避免有意的重复。继之，为了摈弃这些词，请细读并努力记住下列单词。

干奶酪、坏天气、骑马者、星星、数学、抽屉、纸、酒精、杂草、黄蜂。将后面这组词重抄一遍，反复朗读，直至记住为止。现在请你检查一下你是否还记得前面那组单词，如果不记得了，说明你的积极遗忘功能正常。

(9) 请记忆下列 20 个数字（连同其顺序号）

记忆时间为 40 秒，然后马上默写出来。

① 43	② 57	③ 12	④ 33
⑤ 81	⑥ 72	⑦ 15	⑧ 44
⑨ 96	⑩ 7	⑪ 48	⑫ 18
⑬ 86	⑭ 56	⑮ 47	⑯ 6
⑰ 78	⑱ 61	⑲ 83	⑳ 73

你若只有 4 个以下的数字记错，说明你遗忘率很小（记忆力在良好以上）；你若有 5 ～ 10 个记错，是正常的，若记错 11 个以上，说明你的记忆力偏低了。